Julius Tibyangye
Matilda A. Okech
Josephat Maniga Nyabayo

Etiologia das infecções do trato urinário e utilização de medicamentos antimicrobianos

**Julius Tibyangye
Matilda A. Okech
Josephat Maniga Nyabayo**

Etiologia das infecções do trato urinário e utilização de medicamentos antimicrobianos

ScienciaScripts

Imprint

Any brand names and product names mentioned in this book are subject to trademark, brand or patent protection and are trademarks or registered trademarks of their respective holders. The use of brand names, product names, common names, trade names, product descriptions etc. even without a particular marking in this work is in no way to be construed to mean that such names may be regarded as unrestricted in respect of trademark and brand protection legislation and could thus be used by anyone.

Cover image: www.ingimage.com

This book is a translation from the original published under ISBN 978-3-330-33013-9.

Publisher:
Sciencia Scripts
is a trademark of
Dodo Books Indian Ocean Ltd. and OmniScriptum S.R.L publishing group

120 High Road, East Finchley, London, N2 9ED, United Kingdom
Str. Armeneasca 28/1, office 1, Chisinau MD-2012, Republic of Moldova, Europe
Printed at: see last page
ISBN: **978-620-7-69455-6**

Copyright © Julius Tibyangye, Matilda A. Okech, Josephat Maniga Nyabayo
Copyright © 2024 Dodo Books Indian Ocean Ltd. and OmniScriptum S.R.L publishing group

ACTIVIDADE ANTIMICROBIANA DOS ÓLEOS ESSENCIAIS DE *OCIMUM SUAVE*
(SALGUEIRO*)*
CONTRA UROPATÓGENOS DETECTADOS POR PACIENTES EM LOCAIS
SELECCIONADOS.
HOSPITAIS NO DISTRITO DE BUSHENYI, UGANDA

JULIUS TIBYANGYE, BLT Hons. MUK
Mestrado em Microbiologia/0003/102/DU

DEDICAÇÃO

Dedico este trabalho a Deus Todo-Poderoso, aos meus queridos pais, Sr. Charles Zaribugire (RIP) e Sra. Aidah Zaribugire, e aos meus irmãos e irmãs, pelos seus cuidados e apoio, que fizeram de mim o que sou hoje.

SAIR

Gostaria de agradecer aos meus supervisores, Dra. Matilda A. Okech e Josephat Maniga Nyabayo, pelo seu enorme apoio e correcções cuidadosas durante a redação desta tese. Os meus sinceros agradecimentos vão para a KIU, que me deu a oportunidade de estudar. Os meus sinceros agradecimentos vão também para o Sr. Pascal Mwebembezi, Departamento de Farmacologia, KIU, que me ajudou a recolher amostras de plantas e a extrair óleos essenciais. Gostaria de agradecer ao Sr. Ambrose Shabohurira, Laboratório de Microbiologia, KIU-TH, por me ter disponibilizado espaço e equipamento de laboratório. Gostaria também de agradecer à Dra. Jessica L. Nakavuma, Departamento de Ciências Biotécnicas e de Diagnóstico, Universidade de Makerere, Uganda, pela sua ajuda na realização deste estudo. Agradeço também ao Sr. Nathan L. Musisi, Departamento de Biotecnologia e Ciências de Diagnóstico, Universidade de Makerere, Uganda, pelo fornecimento de organismos de controlo. Expresso também os meus sinceros agradecimentos ao Sr. Hannington Baluku, Departamento de Microbiologia Médica, Faculdade de Ciências da Saúde, Universidade de Makerere, Uganda, por me ter permitido utilizar as instalações do laboratório. Um agradecimento especial ao Sr. Josephat Maniga e a todo o pessoal do Departamento de Microbiologia e Imunologia pelo seu apoio sincero. Gostaria de agradecer a Mzee Kaniora Zakaria, do distrito de Bushenyi, por me ter fornecido informações sobre a utilização tradicional de *Ocimum suave* (omujaja). Gostaria de agradecer particularmente ao pessoal de laboratório dos hospitais de estudo do distrito de Bushenyi pelo seu apoio e pela recolha das amostras. Este trabalho de investigação foi apoiado financeiramente pelo consórcio MESAU/MEPI, apoiado pelo subsídio número 5R24TW008886, OGAC, NIH e HRSA para o pessoal académico da KIU.

RESUMO

Antecedentes: os microrganismos que causam infecções do trato urinário são resistentes aos medicamentos devido à utilização excessiva e/ou inadequada de antimicrobianos. Pensa-se que os óleos essenciais de plantas medicinais aromáticas têm uma atividade antimicrobiana excecional contra bactérias, leveduras, fungos filamentosos e vírus.

Objectivos: Determinar a atividade antibacteriana in vitro e a interação entre os óleos essenciais de *Ocimum suave* (Willd) e antibióticos contra uropatógenos.

Métodos: Foi realizado um estudo experimental transversal em seis hospitais seleccionados no distrito de Bushenyi, no Uganda. Foram colhidas amostras de urina limpa do meio do rio e inoculadas em ágar CLED utilizando uma ansa de inoculação calibrada. As placas foram incubadas a 37°C durante 24 a 48 horas. As folhas de *Ocimum suave* (Willd) foram hidrodestiladas durante 4 horas utilizando um aparelho de Clevenger. O óleo foi recolhido e seco sobre sulfato de sódio anidro (Na2SO4) e armazenado a 4°C até nova utilização. A atividade antimicrobiana dos óleos essenciais de *O. suave* (Willd) contra isolados uropatogénicos foi determinada pelo método Agarwell. A CIM do antimicrobiano de referência e do extrato de óleo essencial de *Ocimum suave* (Willd) foi determinada pelo método de diluição em microbolhas. A interação entre o óleo essencial de Ocimum *suave* (Willd) e a ciprofloxacina em combinação foi determinada através do cálculo do índice de concentração inibitória fraccionada (FICCI).

Resultados: De 300 amostras de urina limpa, 67 (22,33%) apresentaram crescimento bacteriano significativo, sendo *E. coli* o isolado mais frequente com 41 (61,19%). O óleo essencial de *O. suave* (Willd) mostrou atividade contra isolados uropatogénicos de *E. coli, K. pneumoniae, S. aureus, E. feacalis, M. morganii, Citrobacter sp., Acinetobacter sp., Enterobacter sp.* e *P. aeruginosa* com uma zona de inibição de (9-18mm). Os óleos essenciais aumentaram a atividade da ciprofloxacina quando utilizados em combinação, inibindo o crescimento de uropatogénios duas vezes com uma zona de inibição de 1632 mm. Os óleos essenciais não tiveram qualquer efeito inibitório sobre *Acinetobacter* sp. Os índices de concentração inibitória fraccionada (FICI) do óleo essencial *de Ocimum suave* (Willd) e da ciprofloxacina foram calculados em 0,35 para *E. coli*, 0,30 para *K. pneumoniae* e 0,42 para *S. aureus. Os* valores FICI para os isolados uropatogénicos testados foram <0,5, indicando sinergismo entre o óleo essencial de *Ocimum suave* (Willd) e a ciprofloxacina.

Conclusão: *E. coli* 41 (61,19%) foi o organismo mais frequentemente detectado. O estudo revelou uma sinergia entre a ciprofloxacina e o óleo essencial de *Ocimum suave* (Willd) contra os uropatogénios.

Recomendação: São necessários estudos in vivo para determinar a dose eficaz do óleo essencial de *Ocimum suave* (Willd) e para avaliar o potencial de combinação com antibióticos habitualmente utilizados para fins terapêuticos.

CAPÍTULO 1: INTRODUÇÃO

1.1 Contexto

O trato urinário humano é um sistema de recolha e evacuação que inclui os rins, os ureteres, a bexiga e a uretra. A infeção do trato urinário (ITU) refere-se à colonização do trato urinário e à penetração de micróbios patogénicos nos tecidos dos órgãos do sistema urinário. As ITU são classificadas de acordo com o local da infeção: bexiga (cistite), rim (pielonefrite) ou urina (bacteriúria), que pode ser assintomática ou sintomática. As infecções do trato urinário são geralmente caracterizadas por uma vasta gama de sintomas, desde uma ligeira irritação ao urinar até à bacteriúria, septicemia ou mesmo morte. As infecções do trato urinário que ocorrem num trato urinário sem instrumentação prévia são consideradas "não complicadas", enquanto as infecções "complicadas" são diagnosticadas em tractos urinários com anomalias estruturais ou funcionais e são frequentemente assintomáticas (Stamm e Hooton, 1993; Gonzalez e Schaeffer, 1999; Betsy, 2002). Em doentes com um trato urinário normal, mas com uma infeção renal sintomática, é feito o diagnóstico de pielonefrite aguda não complicada.

A urina dos rins e da bexiga é normalmente estéril, embora a uretra inferior possa ter uma flora bacteriana detetável nas mulheres e, em menor grau, nos homens, que pode incluir espécies de coliformes e estafilococos, com o número de micróbios a diminuir à medida que se aproxima da bexiga (Getenet e Wondewosen, 2011). No entanto, foi relatado que os bebés do sexo masculino têm uma taxa mais elevada de ITU do que os do sexo feminino, uma vez que têm maior probabilidade de sofrer de doença congénita do trato urinário (Aaron, 2002). Existem muitos microrganismos patogénicos diferentes (bactérias, fungos, protozoários e vírus) que causam infecções do trato urinário. As bactérias são geralmente mais disseminadas e invasivas. *A E. coli* e outras enterobactérias são os agentes patogénicos bacterianos mais comuns, representando cerca de 75% dos isolados (Getenet e Wondewosen, 2011). As frequências relativas dos agentes patogénicos variam de acordo com a idade, o sexo, a cateterização e a hospitalização (Sefton, 2000; Getenet e Wondewosen, 2011).

$^{5-1}$A presença de mais de 10 CFUml numa amostra de urina não centrifugada é indicativa de uma ITU (Lucas e Cunningharm, 1993; Andabati e Byamugisha, 2010; Momoh *et al.*, 2011). No entanto, níveis mais baixos de germes podem ser muito significativos em alguns casos, particularmente em mulheres grávidas, nas quais as ITU assintomáticas podem significar um risco mais elevado de desenvolver ITU sintomáticas e complicações obstétricas associadas (Foxman e Fredrichs, 1985; Andabati e Byamugisha, 2010). A infeção resultante pode ser sintomática ou assintomática, sendo esta última geralmente detectada durante um exame de rotina (Manikandan *et al.*, 2010). As infecções do trato urinário (ITU) são um problema comum que ocorre diariamente nos serviços de ambulatório, particularmente em pacientes em idade reprodutiva ativa (18-37 anos), tanto homens como mulheres jovens (Momoh *et al.*, 2011). Todos os anos, cerca de 150 milhões de pessoas em todo o mundo são diagnosticadas com infecções do trato urinário, custando à economia global mais de 6 mil milhões de dólares (Gupta *et al.*, 2001; Ava *et al.*, 2010; Manikandan et *al.*, 2010). As infecções do trato urinário estão entre as infecções bacterianas mais comuns, tanto na população em geral como nos hospitais.

A nível mundial, a E. coli é responsável por 75-90% das cistites agudas não complicadas, enquanto *o S. saprophyticus* é responsável por 5-15%, particularmente em mulheres jovens (Gupta *et al.*, 2001; Ronald, 2002; Fihn, 2003; Mwaka *et al.*, 2011). *Enterococcus spp* e bastonetes aeróbicos Gram-negativos, *K. pneumoniae* e *P. mirabilis*, foram isolados de casos de ITU (Finkelstein *et al.*, 1998; Allan, 2001, Fihn, 2003; Wanyama, 2003; Mwaka et *al.*, 2011). As infecções do trato urinário são uma doença muito comum nos países em desenvolvimento e estima-se que ocorram pelo menos 250 milhões de vezes por ano em todo o mundo (Ronald *et al.*, 2001; Baris'ic' *et al.*, 2003; Getenet e Wondewosen, 2011). No Inquérito Nacional aos Agregados Familiares do Gabinete de Estatística do Uganda (UBoS) de 2009/2010, a prevalência nacional de IU foi estimada em 0,2%. No entanto, o impacto e a frequência variam consoante os grupos populacionais. A prevalência de bacteriúria assintomática entre os pacientes admitidos em enfermarias médicas no Uganda foi estimada em 8% nas mulheres e 6% nos homens (Tulloch *et al.*, 1963). Estudos mais recentes revelaram uma prevalência de ITU de 13,3% e uma resistência aos medicamentos de 20-62% no Hospital Mulago no Uganda (Andabati e Byamugisha, 2010).

A procura de antimicrobianos à base de plantas tem sido estimulada principalmente pelo facto de alguns dos principais agentes antibacterianos terem desenvolvido resistência. Os remédios tradicionais que utilizam produtos à base de plantas continuam a desempenhar um papel central na cura de várias doenças nas comunidades rurais dos países em desenvolvimento, na ausência de um sistema de cuidados de saúde primários eficaz (Ali *et al.*, 2001; Pandey, 2003; Pandey *et al.*, 2010). Embora seja impossível travar o desenvolvimento da resistência microbiana aos medicamentos, a utilização adequada de antibióticos mais eficazes, incluindo produtos derivados de plantas, pode reduzir a mortalidade e os custos dos cuidados de saúde (Ahmad e Beg, 2001; Pandey *et al.*, 2010).

O Ocimum suave (Willd) pertence à família das *Lamiaceae*. Encontra-se na África tropical e em climas quentes como a Índia (Sulistiarin, 1999). Alguns dos seus nomes vernáculos são: Omujaja (Luganda), Kirumbasi (Kiswahili) Vambamanga (Giriama) Mukandu (Kamba) Mugio (Kikuyu) Olururuecha (Luo) Olemoran (Maa) (Hassanali, *et al.*, 1990; Ssempereza, 2012). *O. suave* (Willd) tem outros sinónimos como *O. viride* (Willd) e também é chamado *O. gratissimum* (Linn) (Sulistiarin, 1999). *O. suave* (Willd) é utilizado no tratamento de várias doenças, como infecções do trato respiratório, diarreia, dores de cabeça, conjuntivite, doenças da pele, doenças dos dentes e das gengivas, febre e como repelente de mosquitos (Onajobi, 1986; Ilori *et al.*, 1996; Obinna *et al.*, 2009). É uma das plantas medicinais à qual são atribuídas várias propriedades culinárias e medicinais. As suas propriedades medicinais têm efeitos bacteriostáticos e bactericidas em certas bactérias (Okigbo e Igwe, 2007; Obinna *et al.*, 2009).

Os óleos essenciais são substâncias odoríferas contidas em vários órgãos das plantas (Cowan, 1999), e diz-se que os óleos extraídos de plantas medicinais aromáticas têm uma atividade antimicrobiana excecional contra bactérias, leveduras, fungos filamentosos e vírus (Reichling *et al.*, 2009). A composição química dos óleos essenciais depende de uma série de parâmetros, como as condições ambientais, o período de recolha, o processo de desidratação, as condições de armazenamento e os métodos de isolamento (Magiatis *et al.*, 2002; Pandey *et al.*, 2010). Os óleos essenciais contêm compostos químicos e princípios activos como o eugenol, o linalol, o cinamato de metilo, a cânfora e o timol (Matasyoh *et al.*, 2007). Os óleos essenciais, quer sejam inalados ou aplicados na pele, actuam graças à sua fração lipofílica, que reage com os componentes lipídicos das membranas celulares dos microrganismos, modificando assim a atividade dos canais de iões de cálcio (Buchbauer e Jirovetz, 1994; Svoboda e Hampson, 1999).

Desde a antiguidade, os óleos essenciais têm sido os componentes activos de muitos remédios à base de plantas importantes (Guenther, 1948; Pandey *et al.*, 2010). As propriedades antimicrobianas dos óleos essenciais são conhecidas há muitos anos e são utilizadas como agentes antimicrobianos naturais, nomeadamente em fitopatologia, microbiologia médica e conservação de alimentos (Burt, 2004; Pandey *et al.*, 2010). Os óleos essenciais de muitas plantas são conhecidos por terem um efeito antimicrobiano (Deans *et al.*, 1992; Piccaglia *et al.*, 1993). O efeito inibitório dos óleos essenciais e dos seus componentes foi observado por vários investigadores contra bactérias, fungos, vírus e cancro (Svoboda e Hampson, 1999; Jirovetz *et al.*, 2006; Silva *et al.*, 2008; Tripti e Singh, 2010). No entanto, existem poucos relatórios sobre a sua atividade contra uropatogénios (Pereira *et al.*, 2004; Tripti e Singh, 2010). Este estudo foi, portanto, realizado para determinar a atividade antibacteriana dos óleos essenciais de *O. suave* (Willd) contra uropatogénios.

1.2 Descrição do problema

As infecções do trato urinário (ITU) nos seres humanos, particularmente nas zonas rurais, causam uma morbilidade considerável devido às más condições de higiene, à má higiene pessoal, à falta de cumprimento da medicação por parte dos doentes e aos encargos económicos. Muitos dos microrganismos que causam infecções do trato urinário são resistentes aos medicamentos devido à utilização excessiva e/ou insuficiente de antimicrobianos. Apesar do grande número de agentes antimicrobianos disponíveis, estas infecções continuam a ser um problema importante na medicina (Tripti e Singh, 2010). A utilização indiscriminada de antimicrobianos levou ao aparecimento de resistência nos uropatogénios em todo o mundo. A resistência simultânea a diferentes agentes antimicrobianos conduziu à multirresistência dos uropatogénios, o que também complica a gestão terapêutica das ITU (Gupta *et al.*, 2001; Akram *et al.*, 2007; Tripti e Singh, 2010). Além disso, os antimicrobianos também estão associados a efeitos adversos no hospedeiro, incluindo a depleção da flora intestinal útil e dos microrganismos da mucosa, a imunossupressão, a hipersensibilidade e as reacções alérgicas (Patel, 2007; Tripti e Singh, 2010).

De acordo com o relatório da OMS de 2002-2005, cerca de 80% da população do Uganda depende da medicina tradicional. Isto deve-se, em parte, à falta de pessoal médico com formação, e os curandeiros tradicionais podem ser facilmente consultados porque vivem com as pessoas na mesma comunidade. Além disso, o país importa a maior parte dos seus medicamentos e regista frequentemente uma escassez. Consequentemente, a procura de medicamentos à base de plantas dos curandeiros tradicionais está a aumentar e a maioria das pessoas, tanto nas zonas rurais como nas cidades, depende fortemente dos medicamentos à base de plantas para o tratamento de uma vasta gama de doenças. A principal razão para esta dependência é o facto de as pessoas considerarem os medicamentos à base de plantas mais seguros do que os medicamentos convencionais, uma vez que supostamente têm menos efeitos secundários (Armando e Yunus, 2009). O elevado custo da medicina convencional e a inacessibilidade de instalações de saúde modernas na maioria das regiões complicam ainda mais a situação (OMS, 2002-2005; Armando e Yunus, 2009).

O. suave (Willd) é utilizado por curandeiros tradicionais no tratamento de infecções do trato urinário (comunicação pessoal), mas não foram realizados estudos sobre os seus óleos essenciais para determinar as suas propriedades antibacterianas contra os uropatogénios no Uganda. Neste contexto, o estudo foi realizado para determinar as propriedades antibacterianas in vitro dos óleos essenciais de *O. suave* (Willd) contra os uropatogénios.

1.3 Objetivo do estudo

O objetivo do estudo foi determinar a atividade antibacteriana dos óleos essenciais de *O. suave* (Willd) contra agentes patogénicos uropatogénicos isolados de pacientes em hospitais seleccionados no distrito de Bushenyi, Uganda.

1.4 Objectivos específicos

1. Isolamento e identificação de bactérias uropatogénicas.
2. Determinação da atividade antibacteriana dos óleos essenciais de *O. suave* (Willd) contra bactérias uropatogénicas.
3. Determinação da interação entre os óleos essenciais de *O. suave* (Willd) e a ciprofloxacina em combinação.

1.5 Questões de investigação

1. Que tipos de bactérias são responsáveis pela maioria das infecções do trato urinário?
2. Os óleos essenciais de *O. suave* (Willd) têm atividade antimicrobiana contra bactérias uropatogénicas?
3. Os óleos essenciais de *O. suave* (Willd) combinados com ciprofloxacina interagem com outros medicamentos?

1.6 Importância do estudo

Os resultados do estudo contribuirão para o conhecimento local e internacional sobre os tipos de uropatógenos responsáveis pelas infecções do trato urinário na área de estudo. Estes resultados da investigação complementarão a informação que ajudará os clínicos, os profissionais de saúde e o Ministério da Saúde a tomar decisões sobre o tratamento empírico das infecções do trato urinário. A nível comunitário, os resultados do estudo fornecerão apoio científico às alegações dos praticantes tradicionais que utilizam extractos de *O. suave* (Willd) para tratar as ITU. Este poderia ser um ponto de partida para o desenvolvimento de um tratamento alternativo para as infecções do trato urinário na comunidade local.

1.7 Quadro concetual

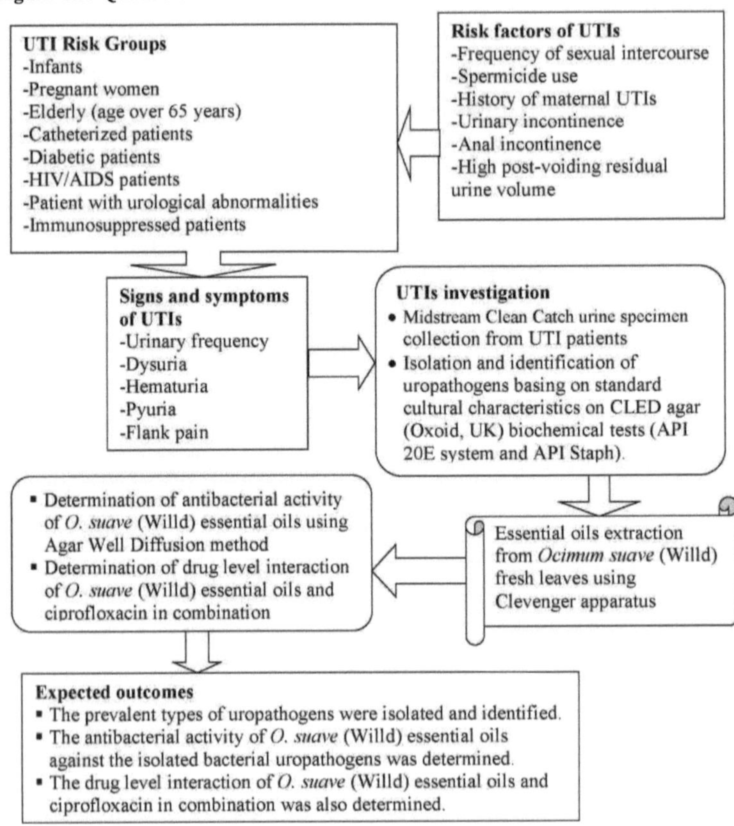

1.8 Âmbito de aplicação

O estudo foi realizado em hospitais seleccionados no distrito de Bushenyi, no Uganda (Anexo II). As amostras para o estudo foram recolhidas de pacientes com ITU no Kampala International University-Teaching Hospital (KIU-TH), no Ishaka Adventist Hospital, no Comboni Hospital, no Bushenyi HC IV, no Kyabugimbi HC IV e no Bushenyi Medical Center (BMC). Foram recolhidas amostras de urina limpa de pacientes que entraram e saíram do hospital para isolar e identificar os agentes patogénicos e determinar a atividade antibacteriana dos óleos essenciais de *O. suave* (Willd). As folhas de *O. suave (Willd)* foram recolhidas em Ishaka, distrito de Bushenyi, Uganda.

CAPÍTULO 2: REVISÃO DA LITERATURA

2.1 Introdução

As infecções do trato urinário (ITU) são a presença de agentes patogénicos microbianos no trato urinário (Betsy, 2002). As ITU são um dos tipos mais comuns de infeção, e quase 10% das pessoas sofrerão de uma ITU durante a sua vida. Trata-se de doenças humanas graves, uma vez que a sua frequência, recorrência e dificuldade em eliminá-las constituem desafios para os profissionais de saúde (Hoberman e Wald, 1997; Delanghe *et al.*, 2000). As infecções do trato urinário não complicadas ocorrem mais frequentemente em mulheres adultas jovens saudáveis e são fáceis de tratar. Por razões anatómicas e fisiológicas, são muito mais comuns nas mulheres do que nos homens, e até 50% das mulheres referem ter tido pelo menos uma ITU durante a sua vida (Barnett e Stephens, 1997; Fihn, 2003). Embora nem sempre seja possível identificar a forma como as bactérias entram no trato urinário, muitos autores propuseram quatro vias possíveis de entrada: infeção ascendente, disseminação hematogénica, disseminação linfogénica e disseminação direta a partir de outro órgão (Maripandi *et al.*, 2010).

As pessoas em risco de infecções do trato urinário incluem bebés, mulheres grávidas e pessoas com mais de 65 anos, bem como pessoas com cateteres permanentes, diabéticos, pessoas com anomalias urológicas subjacentes e pessoas tratadas com medicamentos imunossupressores e com sistemas imunitários enfraquecidos, como as pessoas infectadas pelo VIH, que geralmente têm uma evolução complicada, mais difícil de tratar e nas quais as recaídas são frequentes (Johnson *et al*, 1987; Hoepelman *et al*, 1992; Foxman e Brown, 2003). Foi igualmente referido que a frequência das infecções do trato urinário nos hospitais está a aumentar devido à infeção cruzada e ao estado imunitário inferior dos doentes (Maripandi *et al.*, 2010).

Vários microrganismos, como bactérias, vírus, fungos e protozoários, causam infecções do trato urinário. As bactérias são os principais agentes patogénicos, responsáveis por mais de 95% das infecções do trato urinário (Bonadio *et al.*, 2001). Os agentes patogénicos mais comuns das ITU são principalmente organismos Gram-negativos, sendo *a E. coli mais comum* do que outros agentes patogénicos Gram-negativos, como *a K. pneumoniae, Enterobacter* spp., *P. aeruginosa, P. mirabilis* e *Citrobacter* spp. (McLaughlin e Carson, 2004; Llenerrozos, 2004; Mittal e Wing, 2005; Blair, 2007; Maripandi *et al.*, 2010). *A E. coli é* responsável por cerca de 90% das primeiras infecções do trato urinário em mulheres jovens (Jawetz, 2004; Momoh *et al.*, 2007; Momoh *et al.*, 2011). Alguns organismos entéricos, como a *Pseudomonas,* também aderem aos cateteres urinários e formam um biofilme na sua superfície, que depois serve de reservatório para o seu

13

crescimento (Shigemura *et al.*, 2006). O diagnóstico preciso e rápido das infecções do trato urinário é importante para encurtar o curso da doença e evitar a propagação da infeção para o trato urinário superior e a insuficiência renal.

Os sintomas e sinais de infecções do trato urinário incluem micção frequente (poliúria), disúria, hematúria e piúria, enquanto a dor no flanco está associada a infecções do trato superior. Nenhum destes sintomas ou sinais é específico da infeção por *E.* coli (Davidson, 2006). A infeção do trato urinário pode levar a bacteriúria com sinais clínicos de septicemia (Eisenstein e Azalezink, 2000). *A E. coli* nefropatogénica produz tipicamente hemolisina. A maioria das infecções é causada por *E. coli* com poucos antigénios somáticos (O). O antigénio capsular (K) parece desempenhar um papel importante na patogénese das infecções do trato superior, mas a pielonefrite está associada a tipos específicos de fungos que se ligam a substâncias do grupo sanguíneo (Bopp, 2003).

A propagação de uropatógenos resistentes a medicamentos é uma das maiores ameaças ao sucesso do tratamento de doenças microbianas. Os óleos essenciais e outros extractos de plantas têm suscitado interesse como fontes de produtos naturais à base de plantas. Alguns deles têm sido estudados pela sua potencial utilização como remédios alternativos para o tratamento de muitas doenças infecciosas (Tepe *et al.*, 2004). A Organização Mundial de Saúde (OMS) também reconheceu o facto de a maioria da população mundial depender da medicina tradicional para os cuidados de saúde primários. As fontes de medicamentos à base de plantas incluem plantas medicinais aromáticas, que são uma fonte importante de compostos orgânicos naturais, incluindo óleos essenciais (Seenivasan *et al.*, 2006; Armando e Yunus, 2009).

2.2 Situação atual das infecções do trato urinário

Todos os anos, cerca de 150 milhões de pessoas em todo o mundo são diagnosticadas com infecções do trato urinário, o que custa à economia global mais de 6 mil milhões de dólares (Gupta *et al.*, 2001; Ava *et al.*, 2010; Manikandan *et al.*, 2010), enquanto nos países em desenvolvimento se estima que o número anual seja de, pelo menos, 250 milhões (Ronald *et al.*, 2001; Baris'ic' *et al.*, 2003; Getenet e Wondewosen, 2011).

Nas crianças, cerca de 5% das raparigas e 1% dos rapazes têm uma infeção urinária antes dos 11 anos de idade (Jenson e Baltimore, 2006).

De acordo com os dados do Uganda Bureau of Statistics (UBoS) 2009/2010 National Household Survey, a prevalência nacional de IU é de 0,2%. Os números pormenorizados por região, idade e local de residência são apresentados nos quadros 2.1 e 2.2 abaixo. No entanto, o impacto e a frequência variam entre grupos populacionais.

Quadro 2.1: Prevalência de infecções do trato urinário por região e idade (%)
UBoS Relatório do Inquérito Nacional aos Agregados Familiares do Uganda 2009/10

Características do contexto	Infeção do trato urinário
Região	
Kampala	0.2
Central	0.1
Para leste	0.3
Para norte	0.2
Ocidental	0.2
Antiga	
Menos de 5	0.2
5-17	0.1
18-30	0.3
31-59	0.2
60+	0.8
Uganda	**0.2**

Fonte : http://www.ubos.org

Quadro 2.2: Taxa de prevalência de infecções do trato urinário por local de residência (%)

	2005/2006					
Tipo de doença	**Urbano**	**Rural**	**Uganda**	**Urbano**	**Rural**	**Uganda**
Harnwegsinfektionen	0.1	0.3	0.3	0.1	0.2	0.2

Fonte : http://www.ubos.org

As infecções do trato urinário ocorrem em 2 a 3% dos internamentos hospitalares e representam 35 a 40% de todas as infecções nosocomiais (Nakhjavani *et al.,* 2007; Ava *et al.,* 2010). O trato urinário é a fonte mais frequente de infecções nosocomiais, particularmente quando a bexiga é cateterizada (Ava *et al.,* 2010). A maioria das ITUs associadas a cateteres tem origem na flora normal do paciente, e o cateter promove o desenvolvimento de ITUs de várias formas. O principal fator de risco para o desenvolvimento de bacteriúria associada ao cateter é a duração da cateterização (Tenke *et al.,* 2007; Ava *et al.,* 2010).

2.3 Epidemiologia das infecções do trato urinário

As infecções do trato urinário são mais comuns nas mulheres na pré-menopausa do que nas mulheres na pós-menopausa (Henn, 2010). Num estudo de Hooton *et al* (1996), a incidência estimada de cistite em mulheres sexualmente activas numa população de estudantes universitários foi de 0,5 a 0,7 episódios/pessoa por ano. No entanto, foi demonstrado que 21% das mulheres jovens tiveram uma segunda infeção nos seis meses seguintes à sua primeira infeção do trato urinário (Foxman *et al.*, 2000). A incidência de cistite aguda confirmada por cultura em mulheres pós-menopáusicas foi estimada em 0,07 episódios/pessoa/ano (Jackson *et al.*, 2004). A maior incidência de infeção é observada em mulheres jovens sexualmente activas com idades compreendidas entre os 18 e os 24 anos (Fihn, 2003). A bacteriúria encontra-se em 2-3% das mulheres entre os 15-24 anos, 20% das mulheres entre os 65-80 anos e 25-50% das mulheres com mais de 80 anos (Rahn, 2008).

A evolução natural da maior parte das ITU é aguda e sem complicações, resolvendo-se espontaneamente (do ponto de vista clínico e microbiológico) em poucos dias ou semanas em cerca de metade das mulheres. O tratamento antimicrobiano reduz consideravelmente a duração dos sintomas (Ferry *et al.*, 2004). Do ponto de vista das consequências a longo prazo, as infecções das vias urinárias são, portanto, geralmente benignas, mas cada episódio está associado a uma perturbação importante na vida da mulher. Em média, as mulheres referem 6,1 dias sintomáticos, 2 a 4 dias de atividade reduzida e 1,2 dias de baixa por cada episódio de cistite. Além disso, 63% das mulheres referem que a infeção teve um impacto nas suas actividades habituais, com uma duração média de 4,9 dias (Nickel *et al.*, 2005).

As infecções recorrentes do trato urinário (ITU) também são comuns em mulheres saudáveis com trato urinário estruturalmente normal, sendo que até 5% das mulheres são afectadas em algum momento das suas vidas (Scholes *et al.*, 2000). Ikaheimo *et al.* (1996) referem que 44% das mulheres que tiveram uma infeção tiveram uma segunda infeção no espaço de um ano. Existem três etiologias para as ITU: i) persistência do organismo original, ii) reinfeção pelo organismo original ou iii) reinfeção por outra estirpe bacteriana (Dwyer e O'Reilly, 2002). Nas mulheres, a maioria das ITU resulta da reinfeção com a bactéria original, devido à persistência bacteriana na flora fecal e à subsequente recolonização da uretra (Russo *et al.*, 1995).

Os doentes com VIH/SIDA estão predispostos a infecções do trato urinário causadas por bactérias e agentes patogénicos invulgares (fungos, parasitas e vírus). [3]Quando a contagem de CD4 desce para <200/mm, o risco de infeção oportunista aumenta consideravelmente. A incidência notificada de infecções bacterianas do trato urinário em doentes com SIDA é de 7-50%. Podem ocorrer sintomas típicos do trato urinário inferior (LUTS), como disúria e poliúria, embora muitos doentes sejam assintomáticos. A piúria foi observada em até 52% dos doentes, dos quais apenas 20% tinham uma infeção do trato urinário (Steele e Carson, 1997; Hyun e Lowe, 2003). Os agentes patogénicos bacterianos mais comuns em doentes infectados com VIH são *E. coli*, *Enterobacter*, *Pseudomonas*, *Proteus, Klebsiella, Acinetobacter*, *S. aureus, estreptococos* do grupo D, *Serratia* e *Salmonella* spp (O'Regan *et al.,* 1990).

2.4 Uropatógenos e resistência aos medicamentos

O tratamento das ITU é frequentemente iniciado empiricamente e a terapêutica baseia-se em informações obtidas a partir do padrão de resistência antimicrobiana dos agentes patogénicos das ITU (Wilson e Gaido, 2004). Os antibióticos recomendados para o tratamento das ITU incluem a nitrofurantoína, a ampicilina, o trimetoprim-sulfametoxazol e a flouroquinolona. No entanto, devido ao abuso constante destes antibióticos, os microrganismos desenvolveram uma resistência generalizada aos mesmos, pelo que a resistência aos medicamentos é atualmente um problema importante no tratamento de doenças infecciosas como as infecções do trato urinário. A utilização inadequada e descontrolada de muitos antibióticos levou ao aparecimento de resistência antimicrobiana, que se tornou um grande problema de saúde a nível mundial (Goldman e Huskins, 1997; Manikandan *et al.,* 2010).

Foram descobertas muitas estirpes resistentes, por exemplo, enterococos resistentes à vancomicina (VRE), *S. aureus* resistente à meticilina (MRSA), *enterococos* resistentes a ESBL (Beta Lactamase de Espectro Alargado), *S. marcescens e P. aeruginosa multirresistentes (Gold, 2001; Wagenlehner e Naber, 2004; Bhattacharya, 2006; Kim et al. S. marcescens e P. aeruginosa multi-resistentes* (Gold, 2001; Wagenlehner e Naber, 2004; Bhattacharya, 2006; Kim *et al*, 2006; Linuma, 2007; Manikandan *et al*, 2010). A resistência dos agentes patogénicos aos medicamentos conduz a graves problemas médicos, uma vez que as estirpes mutantes se desenvolvem e disseminam rapidamente e não são susceptíveis aos medicamentos comuns. Os microrganismos utilizam diferentes mecanismos para adquirir resistência aos medicamentos, como a transferência horizontal de genes (plasmídeos, transposões e bacteriófagos), a recombinação de ADN estranho no cromossoma bacteriano e mutações em diferentes loci cromossómicos (Klemm *et al.,* 2006; Manikandan *et al.,* 2010).

Além disso, a literatura científica refere a utilização inadequada de antimicrobianos e a propagação da resistência bacteriana em microrganismos responsáveis por infecções do trato urinário (Tenover e McGowan, 1996; Hryniewicz *et al.,* 2001; Kurutepe *et al.,* 2005; Manikandan *et al.,* 2010). Foi comunicada a evolução de padrões em uropatogéneos e a sua suscetibilidade a antibióticos frequentemente prescritos (Jacoby e Archer, 1991; Hryniewicz *et al.,* 2001; Kurutepe *et al.*, 2005; Mordi e Erah, 2006; Manikandan et *al.*, 2010). O aparecimento de resistência aos antibióticos no tratamento de infecções do trato urinário é um grave problema de saúde pública, sobretudo nos países em desenvolvimento.

2.5 Tratamento de infecções do trato urinário com antimicrobianos

O tratamento antimicrobiano de baixa dose continua a ser uma medida eficaz para tratar as ITU agudas, recorrentes e não complicadas (Henn, 2010). As mulheres que recebem tratamento profilático a longo prazo têm quatro vezes menos ITU do que as que não recebem tratamento (Albert *et al.*, 2004). O antimicrobiano pode ser administrado como tratamento diário ou contínuo, geralmente ao deitar, ou como profilaxia pós-coito. A nitrofurantoína, o trimetoprim e o sulfamoxazol ou a fosfomicina são a primeira escolha. Os antimicrobianos à base de fluoroquinolonas são eficazes, mas devem ser reservados para as mulheres que não toleram os agentes de primeira linha ou que desenvolvem infecções recorrentes com organismos resistentes durante o tratamento com agentes de primeira linha (Henn, 2010). A duração inicial recomendada da profilaxia é de seis meses; no entanto, em 50% das mulheres, ocorre uma recorrência três meses após a interrupção do antimicrobiano profilático. Nestes casos, a profilaxia pode ser retomada e permanecer eficaz até um ou dois anos (Schooff e Hill, 2005).

2.6 Tratamento não antimicrobiano das infecções do trato urinário

A ingestão diária de produtos à base de arando (sumo ou comprimidos) ou de sumo de arando reduz a frequência das infecções do trato urinário em cerca de 30-35% após 12 meses, em comparação com o placebo (Stothers, 2002; Jepson e Craig, 2008). O mecanismo exato de ação não é claro, mas pensa-se que impedem as bactérias (em particular a *E. coli*) de aderir às células uro-epiteliais que revestem a parede da bexiga e que, sem adesão, *a E. coli não pode* infetar a superfície mucosa do trato urinário (Henn, 2010). Os estrogénios vaginais tópicos são também uma intervenção possível para reduzir os episódios recorrentes em mulheres pós-menopáusicas. Os estrogénios vaginais reduziram o número de infecções do trato urinário em mulheres pós-menopáusicas com ITU em comparação com placebo (Perrotta *et al.*, 2008). O tratamento recomendado é a utilização de um creme vaginal durante um período de pelo menos seis meses. Os produtos à base de plantas também foram propostos como forma de prevenir as ITU e têm-se mostrado promissores, mas são necessárias amostras maiores e estudos de confirmação (Albrecht *et al.*, 2007).

2.7 *Ocimum suave* (Willd)

O género *Ocimum* pertence à família Lamiaceae e inclui mais de 50 espécies de ervas e arbustos encontrados em regiões tropicais e subtropicais da Ásia, África e América. Várias espécies e variedades desta família, tais como Hyptis, Thymus, Origanum, Salvia e Mentha, são consideradas economicamente úteis devido à diversidade dos seus óleos essenciais. Estudos efectuados por Wossa *et al* (2008) indicaram que a composição dos óleos essenciais era eugenol, linalol, cinamato de metilo, cânfora e timol. Diferentes *espécies de Ocimum são* estudadas em pormenor devido às suas muitas aplicações medicinais devido aos seus óleos essenciais, compostos principalmente por monoterpenos e sesquiterpenos, e à sua importância económica (Lawrence, 1993; Wossa *et al.,* 2008).

Quadro 2.3: Descrição geral de *Ocimum suave* (Willd)

Família: LAMIACEAE (LABIATAE)
Nome científico: *Ocimum suave (*Willd)
Sinónimos: *Ocimum gratissimum* Linn e *Ocimum viride* Willd
Fonte : http://www.horizonherbs.com/group

Espaço de vida	No seu país natal, encontra-se desde o nível do mar até aos 1500 m de altitude em matos costeiros, nas margens de lagos, em vegetação de savana, em florestas sub-montanas e em superfícies perturbadas. A maior variabilidade encontra-se na África tropical (de onde pode ter sido originária) e na Índia.
Utilização	Utilização natural para infecções das vias respiratórias, diarreia, dores de cabeça, conjuntivite, doenças de pele, doenças dos dentes e das gengivas, febre e como repelente de mosquitos.
Ingredientes	Contém eugenol, mono e sesquiterpenóides.

Descrição

Arbusto aromático, ramificado, perene e ereto, de 1 a 3 m de altura.

2.8 Natureza e composição química dos óleos essenciais de *O. suave* (Willd)

Os óleos essenciais são líquidos oleosos aromáticos extraídos de plantas, tais como flores, botões, sementes, folhas, ramos, cascas, ervas, madeira, frutos e raízes. São misturas complexas constituídas por muitos compostos individuais. Do ponto de vista químico, são constituídos por terpenos e pelos seus compostos oxigenados. Podem ser obtidas por expressão, fermentação ou extração, sendo a hidrodestilação e a destilação a vapor os métodos mais utilizados para a produção comercial (Wossa *et al.*, 2008).

No que se refere aos óleos essenciais, foram definidos quatro quimiotipos principais e numerosos outros sub-quimiotipos com base nas características estruturais dos componentes principais, pertencentes quer ao grupo dos fenilpropanóides (metilchavicol, eugenol, metileugenol e cinamato de metilo) quer ao grupo dos terpenos (linalol e geraniol), derivados, respetivamente, das vias biossintéticas do ácido chiquímico e do ácido mevalónico. Outros estudos sobre óleos essenciais de outras regiões geográficas acrescentaram novos quimiotipos à lista, com base no esquema de classificação estabelecido (Lawrence, 1992; Grayer, 1996; Wossa *et al.*, 2008). Os novos quimiotipos incluem o tipo terpeno-4-ol de *O. canum, o* tipo timol de *O. gratissimum, o* tipo acetato de geranilo de *O. minimum, os* tipos citral e cânfora de *O. americanum* e o tipo p-cimol de *O. suave* (Sanda *et al.* 1998; Yusuf *et al.* 1998; Keita *et al.* 2000; Mondello *et al.* 2002; Ozcan et Chalchat, 2002; Wossa *et al.*, 2008).

As composições químicas dos óleos essenciais são principalmente monoterpenos ou sesquiterpenos com características predominantes que representam o grupo de quimiotipos de terpenos, como o linalol e o geraniol, ou os grupos de quimiotipos de fenilpropenos, enquanto as actividades biológicas observadas se devem quer aos componentes individuais na matriz do óleo, quer a uma ação sinérgica dos componentes (Lachowicz *et al.* 1998; Sinha e Gulani, 1990; Holm, 1999; Vasudaran et *al.* 1999; Carleton *et al.* 1992; Svoboda *et al.* 2003; Wossa *et al,* 2008). A perspetiva de desenvolver e utilizar óleos essenciais com um amplo espetro de atividade biológica é promissora para a medicina e a agricultura devido à sua baixa toxicidade para os mamíferos, à sua biodegradabilidade, à sua não persistência no ambiente e ao seu preço acessível (Wossa *et al.*, 2008).

2.9 Como funcionam os óleos essenciais

Segundo Buchbauer e Jirovetz (1994), os óleos essenciais inalados ou aplicados na pele actuam fazendo reagir a sua parte lipofílica com os componentes lipídicos das membranas celulares dos microrganismos, modificando assim a atividade dos canais de iões de cálcio. Em certas doses, os óleos essenciais saturam as membranas, produzindo efeitos semelhantes aos dos anestésicos locais. Graças às suas propriedades físico-químicas e formas moleculares, podem interagir com as membranas celulares e influenciar as suas enzimas, transportadores, canais iónicos e receptores. Os efeitos fisiológicos nos seres humanos incluem a estimulação do cérebro, efeitos ansiolíticos, sedativos e antidepressivos e o aumento do fluxo sanguíneo cerebral (Svoboda e Hampson, 1999). Estudos efectuados por Svoboda e Hampson (1999) descrevem os efeitos dos odores na cognição, na memória e no humor. Os compostos odoríferos são absorvidos por inalação e são capazes de atravessar a barreira hemato-encefálica e interagir com receptores no sistema nervoso central. Os bioensaios utilizados para descrever e explicar os efeitos dos óleos essenciais são geralmente efectuados em ratos, ratazanas e sapos para estudar as suas propriedades analgésicas (Fogaca *et al.*, 1997; Svoboda e Hampson, 1999). Cada vez mais aromaterapeutas e fisioterapeutas estão a utilizar os óleos essenciais, tanto em consultórios privados como em hospitais e hospícios, e os seus relatórios publicados em todas as principais revistas de aromaterapia destacam os efeitos benéficos dos óleos (Svoboda e Hampson, 1999).

2.10 Aplicações dos óleos essenciais

Os óleos essenciais são uma fonte abundante de compostos biologicamente activos. São conhecidos cerca de 3.000 óleos essenciais, dos quais 300 têm importância comercial para o mercado dos perfumes (Van de Braak e Leijten, 1999). Óleos essenciais como anis, cálamo, cânfora, cedro, canela, erva-cidreira, cravinho, eucalipto, gerânio, lavanda, limão, erva-cidreira, lima, menta, noz-moscada, laranja, palmarosa, alecrim, manjericão, vetiver e wintergreen são tradicionalmente utilizados para diferentes fins por pessoas em diferentes partes do mundo (Seenivasan *et al.*, 2006). Alguns outros óleos são utilizados na conservação de alimentos, na aromaterapia e na indústria de perfumes (Van de Braak et Leijten, 1999). Foi observado um efeito anti-inflamatório nos óleos essenciais (Singh e Majumdar, 1999). Foi demonstrado que o óleo de tília tem um efeito imunomodulador nos seres humanos (Arias e Ramon-Laca, 2004).

A atividade antiviral do óleo essencial de *Houttuynia cordata foi* testada contra o vírus do herpes simplex, da gripe e do VIH-1 (Hayashi *et al.*, 1995). Partiu-se da hipótese de que a atividade antiviral do óleo poderia dever-se a uma interferência no envelope viral. Num outro ensaio, o óleo essencial de várias espécies do género *Heracleum* mostrou uma atividade promissora contra o vírus da gripe (Tkachenko *et al.*, 1995; Svoboda e Hampson, 1999).

São necessários mais estudos para apoiar as alegações de atividade antiviral e clarificar o modo de ação. O bioensaio com crustáceos salgados (Artemia salina) foi utilizado para testar a toxicidade dos óleos essenciais (isto é, terpineno-4-ol, carvona, cânfora, limoneno, mentona e citral) e mostrou uma toxicidade relativamente baixa a uma concentração entre 500 e 1800 ppm (Svoboda e Hampson, 1999). São necessários mais testes para avaliar as actividades específicas dos óleos e dos seus vários componentes.

Os óleos essenciais de plantas como antioxidantes foram amplamente investigados e demonstraram ser positivos para os lípidos altamente insaturados nos tecidos animais (Deans *et al.*, 1993; Svoboda e Hampson, 1999). Os óleos de limão e de alecrim têm propriedades antioxidantes (Aruoma *et al.*, 1996; Calabrese *et al.*, 1999). No entanto, é muito importante estar ciente de que os antioxidantes podem, em alguns casos, ser pró-oxidantes e estimular reacções de radicais livres (Svoboda e Hampson, 1999). Os óleos essenciais de *Ocimum basilicum* L demonstraram ser citotóxicos para as células cancerígenas humanas (Manosroi *et al.*, 2006; Gutierrez *et al.*, 2008; Hussain *et al.*, 2008; 2006; Hanan *et al.*, 2010). Os óleos de hortelã-pimenta e de laranja demonstraram ter um efeito anticancerígeno (Kumar *et al.*, 2004; Arias e Ramon-Laca, 2004). Lawrence (1993) também relatou que o manjericão sagrado (*Ocimum sanctum*) e o *manjericão* doce (*Ocimum basilicum*) tinham atividade antitumoral em ratos. O interesse na investigação das propriedades antimicrobianas dos extractos de plantas aromáticas, em particular dos óleos essenciais, tem aumentado (Milhau *et al.*, 1997). É bem conhecido que os óleos essenciais de muitas plantas têm atividade antimicrobiana (Deans *et al.*, 1992; Piccaglia *et al.*, 1993; Svoboda e Hampson, 1999). Esta atividade poderia proporcionar uma proteção química contra as doenças patogénicas das plantas. Pensa-se também que um óleo complexo constitui uma barreira maior à adaptação aos agentes patogénicos do que uma mistura mais simples de monoterpenos (Carlton *et al.*, 1992; Svoboda e Hampson, 1999).

Foi relatado que os óleos essenciais de plantas medicinais aromáticas têm uma ação antimicrobiana excecional contra bactérias, leveduras, fungos filamentosos e vírus (Burt, 2004; Kordali *et al.*, 2005; Reichling *et al.*, 2009). Os óleos de canela, cravinho e alecrim mostraram uma ação antibacteriana e antifúngica; o óleo de canela também tem propriedades antidiabéticas (Ouattara *et al.*, 1997). O óleo de erva-limão demonstrou uma ação inibidora sobre fungos biodegradáveis prejudiciais ao armazenamento (De Billerbeck *et al.*, 2001). O óleo de lavanda demonstrou uma ação antibacteriana e antifúngica (Cavanagh e Wilkinson, 2002; Matashoy *et al.*, 2011). O óleo de Ocimum foi descrito como ativo contra várias espécies de bactérias e fungos. Estas incluem *Listeria monocytogenes, Shigella, Salmonella* e *Proteus e*, no caso dos fungos, *Trichophyton rubrum, Trichophyton mentagrophytes, Cryptococcus neoformans, Penicillum islandicum* e *Candida albicans* (Begum *et al.*, 1993; Nwosu e Okafor, 1995; Akinyemi *et al.*, 2004; Janine de Aquino *et al.*, 2005; Lopez *et al.*, 2005).

Deans e Ritchie (1987) estudaram as propriedades antibacterianas de 50 óleos essenciais de plantas contra 25 géneros de bactérias utilizando uma técnica de difusão em ágar. Os óleos essenciais reduziram o crescimento dos microrganismos em graus variáveis, dependendo da concentração do óleo e da composição química. O efeito inibitório dos óleos essenciais e dos seus componentes foi observado por vários investigadores contra bactérias, fungos, vírus e cancro (Svoboda e Hampson, 1999; Jirovetz *et al.*, 2006; Silva *et al.*, 2008; Tripti e Singh, 2010). No entanto, há poucos relatos da sua atividade contra uropatogénios (Pereira *et al.*, 2004; Tripti e Singh, 2010).

CAPÍTULO 3 MATERIAIS E MÉTODOS

3.1 Estrutura do estudo

Um estudo transversal e experimental.

3.2 Âmbito do estudo e população estudada

De acordo com os dados do Ministério do Governo Local (http://www.molg.go.ug), o distrito de Bushenyi tem uma população de 117.000 homens e 124.000 mulheres, num total de 241.500 pessoas. A distribuição da população entre zonas rurais e urbanas foi estimada em 89% rural e 11% urbana. A densidade populacional foi estimada em 282 pessoas por quilómetro quadrado, com um tamanho de agregado familiar de 6 (5,4). As amostras utilizadas para o estudo foram colhidas de pacientes que sofriam de infecções do trato urinário nos hospitais seleccionados: Kampala International University-Teaching Hospital (KIU-TH), Ishaka Adventist Hospital, Comboni Hospital, Bushenyi HC IV, Kyabugimbi HC IV e Bushenyi Medical Center (BMC).

3.3 Processo de amostragem

Com a ajuda de pessoal de enfermagem com formação, foram colhidas trezentas (300) amostras limpas de urina a meio do jato de pacientes que entraram e saíram do hospital. As amostras de urina foram recolhidas de forma aleatória. Foi recolhido um total de 50 amostras em cada uma das áreas de estudo. As amostras foram depois transportadas em gelo para o laboratório para análise microbiológica padrão nos 30 minutos seguintes à recolha. Na altura da recolha das amostras, foram recolhidos dados básicos como a idade, o sexo e o historial médico.

3.4 Critérios de inclusão e exclusão

O estudo incluiu doentes que frequentavam as clínicas de ambulatório e de internamento nos hospitais seleccionados com sinais e sintomas de ITU, doentes com idades compreendidas entre os 18 e os 51 anos, doentes que não tinham tomado antimicrobianos nas duas últimas semanas e doentes que deram o seu consentimento para participar.

Foram excluídos do estudo as mulheres em período de menstruação, os doentes com idades compreendidas entre os 18 e os 51 anos, os doentes que tinham tomado um antimicrobiano nas duas últimas semanas e os doentes que não tinham dado o seu consentimento para participar.

3.5 Tamanho da amostra

Para este estudo, foi recolhida uma amostra de 300 doentes para isolar os uropatogénios. A amostra

O tamanho (n) foi calculado utilizando a fórmula padrão (Martin *et al.*, 1987).

$$n = 300 \text{ amostras de urina}$$

Em que n = dimensão da amostra, Q = 100-P

Z=nível de significância (1,96) com um intervalo de confiança de 95%.

P =Prevalência de infecções do trato urinário no Uganda 76,1% (Kees e Serigne, 2010)

I = margem de erro a um nível de significância de 0,05 (ou seja, 5%).

3.6 Isolamento e identificação de isolados

Amostras médias de urina de colheita limpa foram inoculadas em placas de ágar CLED (Oxoid, Reino Unido) usando uma ansa calibrada com 0,001 ml de urina. As placas inoculadas foram incubadas a 37°C durante 24 a 48 horas (Pezzlo e York, 2004). As amostras foram consideradas positivas para ITUs se uma cultura pura de 105CFU/ml foi obtida a partir da amostra de urina não centrifugada e se mais de 5 células de pus por campo foram observadas na amostra de urina sob o microscópio (Lucas e Cunningharm, 1993; Andabati e Byamugisha, 2010; Momoh *et al.*, 2011). A identificação presuntiva dos isolados foi efectuada com base nas características culturais em placas de ágar CLED (Oxoid, Reino Unido) e a identificação foi confirmada por um protocolo de identificação padrão, nomeadamente coloração de Gram, teste de motilidade e testes bioquímicos utilizando API 20E (bioMërieux S.A.) e teste de coagulase (Collee e Marr, 1996; Foxman *et al.*, 2000; Foxman e Brown, 2003; Sohely *et al.*, 2010).

3.8 Recolha e identificação de plantas

As folhas de *O. suave* (Willd) foram recolhidas no distrito de Bushenyi, Uganda, e o rebento recolhido com as folhas e flores foi utilizado para identificação no Departamento de Botânica, Universidade de Makerere. O espécime (JT 001) foi depositado no herbário da Universidade de Makerere.

3.8.1 Extração de óleos essenciais

As folhas frescas e maduras de *O. suave* (Willd) foram recolhidas e lavadas duas vezes com água destilada. O excesso de água foi escorrido para uma toalha de papel. As folhas foram cortadas em pequenos pedaços e hidrodestiladas durante 4 horas utilizando um aparelho de Clevenger (Clevenger, 1928; Loghmani *et al.*, 2007). O óleo foi recolhido e seco sobre sulfato de sódio anidro (Na2SO4). O óleo extraído foi armazenado numa garrafa de vidro a 4°C e embrulhado em folha de alumínio.

3.9 Pesquisa da atividade antibacteriana de óleos essenciais

A atividade antimicrobiana dos óleos essenciais de *O. suave* (Willd) foi estudada contra isolados uropatogénicos utilizando o método do poço de ágar descrito por Kirimuhuzya *et al.* (2009). *E. coli* ATCC 25922 e *S. aureus* ATCC 12692 foram utilizadas como estirpes de referência (obtidas no Departamento de Microbiologia Médica, Universidade de Makerere). A ciprofloxacina foi utilizada como controlo positivo para o teste.

Foram seleccionadas três colónias bem isoladas da cultura pura e transferidas para um tubo contendo 4-5 ml de solução salina normal. A turvação da mistura foi ajustada para 0,5 McFarland padrão. [5] A mistura foi diluída de modo a que a concentração final de inóculo em cada poço fosse de 5 x 10 CFU/ml. O inoculador adicionou 0,01 ml (diluição 1:10) a cada poço.

As placas de ágar Muller-Hinton (Oxoid, Reino Unido) foram inoculadas utilizando o método de pulverização superficial, de modo a obter uma distribuição uniforme do inóculo na superfície. Foram perfurados poços de 6 mm de diâmetro no meio previamente inoculado, utilizando um palito de cortiça estéril. 100цl do óleo essencial foi diluído com dimetilsulfóxido (DMSO) para concentrações de trabalho de 25-50pg/ml. As concentrações de trabalho dos óleos essenciais foram esterilizadas com filtros descartáveis de 0,2pm (Sterile Acrodisc®).

O poço do primeiro quadrante foi preenchido com 20 pl de ciprofloxacina, enquanto no poço do segundo quadrante foram adicionados 20 pl de óleo essencial. O poço do terceiro quadrante foi deixado como controlo, enquanto o quarto quadrante foi preenchido com DMSO como controlo. As placas de Petri foram deixadas em repouso durante 2-5 minutos para permitir a difusão dos óleos essenciais.

e ciprofloxacina. As placas foram então incubadas a 37°C durante 18-24 horas. A atividade do extrato de óleo essencial e da ciprofloxacina contra os organismos testados foi determinada medindo a zona de inibição utilizando uma escala milimétrica transparente. O diâmetro real da zona de inibição foi determinado subtraindo o diâmetro do poço. Os resultados foram comparados com os padrões e indicados como sensíveis (S), intermédios (I) ou resistentes (R), de acordo com as recomendações do (CLSI, 2006).

3.10 Concentração inibitória mínima (CIM) de óleos essenciais

A CIM do antimicrobiano de referência e do extrato de óleo essencial de *O. suave* (Willd) foi determinada pelo método de microdiluição em caldo Mueller-Hinton (Oxoid, Reino Unido)

(Hammer *et al.*, 1999; Chander, 2002; Tripti *et al.*, 2011). *E. coli* ATCC 25922 *e S. aureus* ATCC 12692 foram utilizadas como estirpes de referência (obtidas no Departamento de Microbiologia Médica, Universidade de Makerere).

Foram seleccionadas três colónias bem isoladas da cultura pura e transferidas para um tubo contendo 4-5 ml de solução salina normal. A turvação da mistura foi ajustada para 0,5 McFarland padrão. [5]A mistura foi diluída de modo a que a concentração final do inóculo em cada poço fosse de 5 x 10 CFU/ml. Utilizou-se uma micropipeta e adicionou-se 0,01 ml (diluição 1:10) de inóculo padrão a cada poço. Os 100Щ de óleo essencial foram diluídos com dimetilsulfóxido (DMSO) para concentrações de trabalho de 25-50 g/ml.

O teste foi efectuado em placas de microtítulo de 96 poços, sendo cada poço preenchido com 95 l de caldo Müller-Hinton; 5 l de óleo essencial foram diluídos em série nos poços e 5 l de inóculo foram adicionados a cada poço. As placas foram então incubadas a 37°C durante 18 a 24 horas. A concentração mais baixa, que não apresentou crescimento visível, foi considerada como a CIM. A atividade bactericida ou bacteriostática foi determinada através da cultura de uma diluição de dez vezes de todos os poços que não apresentaram crescimento visível. A concentração mais baixa que não mostrou crescimento foi considerada como a concentração bactericida mínima (CBM).

3.11 Interacções entre o óleo essencial de *O. suave* (Willd) e a ciprofloxacina em associação com outros medicamentos

A interação entre o óleo essencial de *O. suave* (Willd) e a ciprofloxacina em combinação foi determinada através do cálculo do índice de concentração inibitória fraccionada (FICI) utilizando as seguintes fórmulas

$$FIC_{O.suave\ Essential\ oils} = \frac{MIC\ of\ Essential\ oils\ in\ combination}{MIC\ of\ O.suave\ Essential\ oils\ alone} \quad \cdots (i)$$

$$FIC_{Resistant\ antibiotic} = \frac{MIC\ of\ Resistant\ antibiotic\ in\ combination}{MIC\ of\ Resistant\ antibiotic\ alone} \quad \cdots (ii)$$

$$FICindex\ (FICI) = FIC_{O.suave\ Essential\ oils} + FIC_{Resistant\ antibiotic} \quad \cdots (iii)$$

O índice FIC foi interpretado da seguinte forma: (i) efeito sinérgico se <0,5, (ii) efeito aditivo ou indiferente se >0,5 e <1 e (iii) efeito antagónico se >1 (Rosato *et al.*, 2007; Tripti *et al.*, 2011).

3.12 Controlo de qualidade

A qualidade e a quantidade das amostras, a preparação e a análise das amostras, a descontaminação, os reagentes e o equipamento, bem como a verificação dos resultados dos testes e do controlo foram controlados através de procedimentos operacionais laboratoriais estabelecidos (Cheesbrough, 2006).

3.13 Análise de dados

Os dados foram introduzidos no programa EpiData versão 3.1.2701.2008 e a análise estatística foi efectuada através de estatísticas descritivas utilizando o programa SPSS versão 11.5. A atividade antibacteriana foi expressa em termos de diâmetros da zona de inibição (mm). Os resultados foram expressos como média e apresentados sob a forma de tabela.

3.14 Considerações éticas

A autorização ética para a investigação foi concedida pela Universidade de Ciência e Tecnologia de Mbarara (MUST), Comité Institucional de Investigação e Ética em Investigação Humana (IREC) em nome do Conselho Nacional do Uganda para a Ciência e Tecnologia (UNCST).

Os procedimentos utilizados cumpriram as normas éticas dos comités de experimentação humana e a Declaração de Helsínquia de 1975, revista em 2000. Foram obtidos consentimentos orais e escritos dos participantes antes do início do estudo, e a participação foi voluntária para todos os que concordaram e assinaram o formulário de consentimento. A identidade de todos os participantes foi protegida e as informações fornecidas não podiam ser associadas aos seus nomes. As respostas e preocupações dos participantes foram utilizadas apenas para fins de investigação; os nomes não foram utilizados na análise e a única ligação aos resultados foi o número de identificação (ID).

O curandeiro tradicional que tinha fornecido as informações sobre a utilização da planta foi consultado e foi-lhe pedido o seu acordo. Foi-lhe pedido que assinasse o formulário de consentimento autorizando a utilização das suas informações. Foi-lhe agradecido o seu contributo para o estudo.

A segurança dos investigadores foi garantida pelo facto de o trabalho ter sido realizado em colaboração e sob a direção do pessoal do laboratório, que possuía os conhecimentos necessários para o manuseamento de amostras infecciosas. Foi usado vestuário de proteção, incluindo batas de laboratório e luvas, para minimizar o risco de exposição a organismos infecciosos.

CAPÍTULO 4 RESULTADOS

Trezentas (300) amostras limpas de urina do jato médio foram colhidas de doentes nos hospitais seleccionados. Sessenta e sete (22,33%) amostras apresentaram bacteriúria significativa. De 104 amostras de urina de homens, 22 (21,15%) tinham culturas positivas e de 196 amostras de mulheres, 45 (22,96%) eram positivas. A prevalência de infecções do trato urinário foi elevada no grupo etário dos 18-28 anos (46,27%). Os resultados da relação entre as infecções do trato urinário e o sexo e a idade dos doentes são apresentados na Tabela 4.1.

Tabela 4.1: Prevalência de infecções do trato urinário em diferentes grupos

Antiga Grupos (anos)	Masculino		Mulher		Total de amostras (n=300)	Total de amostras positivas (n=67)	% Infecções do trato urinário Prevalência
	Amostras (n=104)	Amostras positivas	Amostras (n=196)	Amostras positivas			
18-28	48	7	86	24	134	31	46.27
29-39	12	6	55	11	67	17	25.37
40-50	19	3	32	6	51	9	13.43
Mais de 51	25	6	23	4	48	10	14.93

Foram isolados nove uropatógenos bacterianos de 67 amostras limpas de urina do jato médio, dos quais *E. coli foi o* isolado mais frequente com 41(61,19%), seguido por *Staphylococcus sp.* 10(14,93%), *K. pneumoniae, E. feacalis* 4(5,97%), *M. morganii* 3(4,89%) e *Citrobacter sp.* 2(2,99%). As bactérias menos isoladas foram *Acinetobacter sp., Enterobacter sp.* e *P. aeruginosa* 1(1,49%). A distribuição dos uropatógenos em pacientes de diferentes sexos e idades foi significativa. Os resultados dos uropatogénios bacterianos com os grupos etários dos doentes são apresentados na (tabela 4.2).

Tabela 4.2: Uropatógenos isolados de pacientes em diferentes grupos

Isolado	Grupos etários (Jg.)				Total Isolados (n = 67)	% Isolado
	18-28	29-39	40-50	Mais de 51		
E. coli	22	0	3	6	41	61.19
Staphylococcus sp.	5	3	1	1	10	14.93
K. pneumoniae	3	1	0	0	4	5.97
E. feacalis	1	3	0	0	4	5.97
M. morganii	1	0	2	0	3	4.48
Citrobacter sp.	0	0	1	1	2	2.99
Acinetobacter sp.	0	0	1	0	1	1.49

Enterobacter sp.	0	0	0	1	1	1.49
P. aeruginosa	0	0	1	0	1	1.49

As folhas frescas de *O. suave* (Willd) forneceram 0,20% de óleo essencial. A atividade antimicrobiana do óleo essencial de *O. suave* (Willd), testado contra isolados uropatogénicos, é apresentada na (Tabela 4.3).

Tabela 4.3: Atividade antimicrobiana *suave* (Willd) Óleos essenciais

Alturas de muting (mm) — F (300gg) CIP (5pg) — vonCont rol

Isolado	12	16	18	14	18	22	0	9	14	18	0	16	23	32	vonControl
E. coli (n=41)		5	36	1	7	33		8	14	19			213		170
S. aureus (n=10)		1	9	1	1	8		1	6	3	4	6			0
K. pneumoniae (n=4)	1	1	2	2		2		4				1	3		0
E. feacalis (n=4)		2	2			4			2	2		1	3		0
M. morganii (n=3)		2	1	1		2		3			2	1			0
Citrobacter sp. (n=2)		1	1			2				2		1			10
Acinetobacter sp. (n=1)	1			1		1					-				0
Enterobacter sp. (n=1)			1			1				2		1			0
P. aeruginosa (n=1)			1			1	1					1			0
E. coli ATCC 25922	1		1			1						1			0
S. aureus ATCC 12692	1		1						1				1		0

F - Nitrofurantoína, CIP - Ciprofloxacina, EO - Óleo essencial

Os índices de concentração inibitória fraccionada (FICI) do óleo essencial de *O. suave* (Willd) e da ciprofloxacina foram determinados como sendo 0,35 para *E. coli*, 0,30 para *K. pneumoniae* e 0,42 para *S. aureus* (Tabela 4.4). Os valores FICI para os isolados uropatogénicos testados foram <0,5, indicando sinergismo entre o óleo essencial de *O. suave* (Willd) e a ciprofloxacina.

Tabela 4.4: Concentração inibitória fraccionada (FIC) e índice de concentração inibitória fraccionada (FICI) do óleo essencial de *O. suave* (Willd) e da ciprofloxacina

Isolado	MICO. óleos essenciais *doces* (ng/llll)	FICO. Óleos essenciais *doces* (ng/rnl)	MICciprofloxacina (g/ml)	FICciprofloxacina (g/ml)	CIM (EO+CIP) (ng/ml)	FICI

E. coli	13	1.35	4.50	3.88	9	0.35
K. pneumoniae	16	1.30	4.75	4.37	10	0.30
S. aureus	10	1.42	4.20	3.38	8	0.42
E. coli ATCC 25922	12	1.38	4.53	3.65	7	0.38
S. aureus ATCC 12692	11	1.39	4.25	3.59	6	0.39

EO - Óleo essencial, CIP - Ciprofloxacina

CAPÍTULO 5: DEBATE

As infecções do trato urinário (ITU) são as infecções mais comuns, afectando todos os grupos etários, homens, mulheres e crianças em todo o mundo (McLaughlin e Carson, 2004; Llenerrozos, 2004; Blair, 2007; Maripandi *et al.*, 2010). Neste estudo, foram examinados 300 doentes para detetar infecções do trato urinário e 67 (22,33%) das amostras de urina apresentaram um crescimento bacteriano significativo. Os resultados podem dever-se ao facto de os sinais e sintomas das ITU não serem indicadores fiáveis de infeção. O diagnóstico precoce e o tratamento antimicrobiano atempado e adequado são considerados factores-chave para eliminar os uropatógenos, prevenir a urossepsia e reduzir o risco de cicatrizes renais (Maripandi *et al.*, 2010).

As infecções do trato urinário (ITU) são causadas por bactérias e os resultados deste estudo mostram que *E. coli* 41 (61,19%) foi o uropatógeno mais frequente, seguido por *Staphylococcus spp.* 10 (14,93%), *K. pneumoniae* e *E. feacalis* 4 (5,97%), *M. morganii* 3 (4,48%), *Citrobacter spp.* 2 (2,99%), *Acinetobacter spp, Enterobacter spp.* e *P. aeruginosa* 1 (1,49%). Estes resultados são consistentes com a maioria dos estudos anteriores sobre infecções do trato urinário (Allan, 2001; Wanyama, 2003; Cheesbrough, 2006; e Mwaka *et al.*, 2011). As infecções do trato urinário devidas a *E. coli* são comuns, uma vez que é virulenta na colonização do trato urinário, particularmente devido às suas capacidades adesivas e à sua associação com microrganismos que ascendem de áreas peri-uretrais contaminadas com flora fecal, devido à proximidade do ânus e ao ambiente quente e húmido nas mulheres (Andabati e Byamugisha, 2010).

Resultados semelhantes foram observados por Taneja *et al* (2010), que analisaram um total de 1974 amostras de jato de urina limpa e encontraram bacteriúria significativa em 558 amostras (28,3%). Os uropatógenos mais frequentemente isolados foram *E. coli* (47,1%), *Klebsiella* spp. (15,6%), *E. fecalis* (8,7%), membros da estirpe *Proteae* (5,9%), *P. aeruginosa* (5,9%) e *Candida* spp. Tambekar *et al.* (2009) examinaram um total de 174 amostras de urina, 68 das quais revelaram bacteriúria significativa com *E. coli* (59%), seguida de *P. aeruginosa* (15%), *K. pneumoniae* (10%), *P. mirabilis* (9%), *S. aureus* (6%) e *C. freundii* (1%). As infecções do trato urinário foram mais comuns nas mulheres (63%) do que nos homens (37%).

Amin *et al* (2009) referiram que 68% das culturas de urina de mulheres e 32% das culturas de urina de homens eram positivas para bactérias. O isolado predominante foi a *E. coli*, com uma taxa de frequência de 59%. Outros isolados foram *Klebsiella* spp. (11,6%), *Enterobacter* sp. (9,8%), *Pseudomonas* spp. (7,2%), *Proteus* spp. (2,9%), *Acinetobacter* sp. (2,7%), *estafilococos* coagulase-positivos (2,2%), *estafilococos* coagulase-negativos (2,3%), *Citrobacter* spp. (1,3%) e *estreptococos* hemolíticos (1,1%). Outros estudos também revelaram uma maior incidência de *E. coli* (47,30%) em amostras de urina (Wazait *et al.*, 2003). A presença e distribuição de outros agentes patogénicos, nomeadamente *S. aureus, é consistente com* relatórios anteriores (Ronald, 2002). Curiosamente, poucos relataram a presença de *Citrobacter* sp. em infecções do trato urinário (Chawla *et al.*, 1998; Kim *et al.*, 2003).

O óleo essencial de *O. suave* (Willd) mostrou atividade contra isolados uropatogénicos de *E. coli, K. pneumoniae, S. aureus, E. feacalis, M. morganii, Citrobacter sp., Acinetobacter sp., Enterobacter sp.* e *P. aeruginosa* com uma zona de inibição de (9-18 mm). Os óleos essenciais aumentaram a atividade da ciprofloxacina quando utilizados em combinação, inibindo o crescimento de uropatogénios duas vezes mais, com uma zona de inibição entre 16 e 32 mm. Os índices de concentração inibitória fraccionada (FICI) do óleo essencial de *O. suave* (Willd) e da ciprofloxacina foram calculados em 0,35 para *E. coli*, 0,30 para *K. pneumoniae* e 0,42 para *S. aureus.* Os valores FICI para os isolados uropatogénicos testados foram <0,5, indicando sinergismo entre o óleo essencial de *O. suave* (Willd) e a ciprofloxacina.

Estes resultados são comparáveis aos de um estudo semelhante em que foi encontrado sinergismo entre os óleos essenciais de *Pelargonium graveolens* e a ciprofloxacina (Tripti *et al.,* 2011). Os valores FICI foram de 0,375 para *K. pneumoniae* KT2 e *S. aureus* ST 2, enquanto o valor FICI para *P. mirabilis* PRT3 foi de 0,5. Estes resultados também são comparáveis aos de um estudo semelhante em que foi encontrado sinergismo entre o óleo essencial *de P. graveolens* e a norfloxacina (Rosato *et al.,* 2007). Os valores de FICI foram 0,51, 0,50, 0,37, 0,38 e 0,57 para *B. subtilis* ATCC 6633, *B. cereus* ATCC 11778, *S. aureus ATCC* 6538, *S. aureus* ATCC 29213 e *E. coli* ATCC 35218. Foi demonstrada uma sinergia parcial e total por combinações de galato de metilo + ácido nalidíxico e carvacrol + galato de metilo contra bactérias resistentes ao ácido nalidíxico (Choi *et al,* 2009).

De acordo com Lopez *et al* (2005), foi descrito que o óleo de Ocimum é eficaz contra várias espécies de bactérias e fungos. As composições químicas dos óleos essenciais são principalmente monoterpenos ou sesquiterpenos com características predominantes que representam o grupo de quimiotipos de terpenos, como o linalol e o geraniol, ou os grupos de quimiotipos de fenilpropenos, enquanto as actividades biológicas observadas se devem quer aos componentes individuais na matriz do óleo quer a uma ação sinérgica dos componentes (Lachowicz *et al.* 1998;

Sinha e Gulani, 1990; Holm, 1999; Vasudaran et *al.* 1999; Carleton *et al.* 1992; Svoboda *et al.* 2003; Wossa *et al,* 2008). A perspetiva de desenvolver e utilizar óleos essenciais com um amplo espetro de atividade biológica é promissora para a medicina e a agricultura devido à sua baixa toxicidade para os mamíferos, à sua biodegradabilidade, à sua não persistência no ambiente e ao seu preço acessível (Wossa *et al.,* 2008).

O efeito sinérgico dos óleos essenciais de *O. suave* (Willd) demonstrado neste estudo mostra uma redução dos potenciais efeitos secundários da ciprofloxacina quando utilizada em combinação. A terapia combinada também ajuda a superar o problema da resistência a múltiplos medicamentos. Quando a ciprofloxacina é utilizada isoladamente, as bombas de efluxo bacteriano são responsáveis pela resistência das bactérias patogénicas (Mahamoud *et al.,* 2007; Tripti *et al.,* 2011). Os produtos derivados de plantas aumentaram o efeito dos antibióticos através da inibição dos sistemas de efluxo MDR nas bactérias (Tegos *et al.,* 2002; Tripti *et al.,* 2011). Como a combinação actua de forma agonista-sinergista em vários alvos ao mesmo tempo, esta abordagem multialvo é vantajosa em relação à abordagem tradicional de alvo único (Hemaiswarya *et al.,* 2008; Tripti *et al.,* 2011).

CAPÍTULO 6

6.0 Conclusão

As infecções do trato urinário são as doenças infecciosas mais comuns, afectando todos os grupos etários em todo o mundo, homens, mulheres e crianças. *E. coli* 41 (61,19%) foi o organismo mais frequentemente detectado neste estudo. O estudo revelou uma sinergia entre a ciprofloxacina e o óleo essencial de *O. suave* (Willd) contra os uropatogénios. Esta combinação eficaz pode, portanto, ser utilizada para tratar infecções do trato urinário e minimizar os efeitos secundários da ciprofloxacina.

6.1 Recomendação

São necessários estudos in vivo para determinar a dose eficaz do óleo essencial de *O. suave* (Willd) e para avaliar o potencial da sua combinação com antibióticos habitualmente utilizados para fins terapêuticos.

REFERÊNCIAS

Aaron LF, (2002). Infeção do trato urinário. In: Richard E, Robert, M.K. eds. [th]Nelson's *Essentials of Pediatrics.* 4 ed. Philadelphia: Saunders. 708-709.

Ahmad I, Beg AZ, (2001). Estudos antimicrobianos e fitoquímicos de 45 plantas medicinais indianas contra agentes patogénicos humanos multirresistentes *Ethnopharmacol.* **74** : 113-123.

Akinyemi KO, Mendie UE, Smith ST, Oyefolu AO, Coker AO, (2004). Triagem de algumas plantas medicinais para a atividade anti-salmão. *J Herb Pharmocother.* **5(1)** : 4560.

Akram M, Shahid M, e Khan AU, (2007). Etiologia e padrões de resistência aos antibióticos das infecções do trato urinário adquiridas na comunidade no JNMC Hospital, Aligarh, Índia. *Ann. Clin. Microbiol. Antimicrobial,* **6:** 4-4.

Albert X, Huertas I, Pereiro I, Sanfelix J, Gosalbes V, Perrotta C, (2004). Antibióticos para a prevenção de infecções recorrentes do trato urinário em mulheres não grávidas. *Base de dados Cochrane de Revisões Sistemáticas,* edição 3, art. n.º CD001209.

Albrecht U, Goos KH, Schneider B, (2007). Um estudo aleatório, duplamente cego e controlado por placebo de um medicamento à base de plantas contendo Tropaeoli majoris herba (capuchinha) e Armoraciae rusticanae radix (rábano) para o tratamento profilático de pacientes com infecções crónicas recorrentes do trato urinário inferior. *Curr Med Res Opin* ; **23**(10):2415-22.

Ali ANA, Julich WD, Kusnick C, Lindequist U, (2001). Triagem de plantas medicinais iemenitas para actividades antibacterianas e citotóxicas. *J. Ethnopharmacol.* **74** : 173-179.

Allan RR, (2001) *Sintomas urológicos.* In: *Essentials of Tropical Infectious Diseases*: Editado por Guerrant R.L., Walker H.D, Weller F.P. Churchill Livingstone. 98-100.

Amin M, Manijeh M, e Zohreh P, (2009). Estudo de bactérias isoladas de infecções do trato urinário e determinação da sua suscetibilidade aos antibióticos. *Jundishapur J. Microbiol,* **2** : 118-123.

Andabati G, Byamugisha J, (2010). Etiologia microbiana e suscetibilidade da bacteriúria assintomática em mães pré-natais no Hospital Mulago, Uganda. *Ciências da Saúde em África*; **10** (4) : 349 - 352

Arias BA, Ramon-Laca L, (2004). Propriedades farmacológicas dos citrinos e sua utilização antiga e medieval na bacia mediterrânica. *J Ethnopharmacol.* **97** : 89-95.

Armando C, Yunus HR, (2009). Avaliação do rendimento e da atividade antimicrobiana dos óleos essenciais de *Eucalyptus globulus, Cymbopogon citratus* e *Rosmarinus officinalis* no distrito de Mbarara (Uganda). *Rev. Colombiana cienc. Anim. 1(2)*.

Aruoma OI, Spencer JP, Rossi R, Aeschbach R, Khan A, Mahmood N, Munoz A, Murcia A, Butler J, Halliwell B, (1996). Uma avaliação dos efeitos antioxidantes e antivirais dos extractos de alecrim e de ervas provençais. *Food Chem Toxicol.* **34** : 449-456.

Astal ZK, (2005). Aumento da resistência à ciprofloxacina em isolados bacterianos generalizados do trato urinário na Faixa de Gaza, Palestina. *J Biomed Biotechnol* **3** : 238-241.

Ava B, Mohammad R, e Jalil V Y, (2010). Uma visão geral da epidemiologia das infecções do trato urinário e do padrão de resistência dos uropatogénios num hospital terciário iraniano com 1000 camas. *Revista Africana de Investigação Microbiológica* Vol. **4**(9), 753756.

Baris'ic' Z, Babic'-Erceg A, Borzic' El, (2003). Infecções do trato urinário no sul da Croácia: etiologia e agentes antimicrobianos. *Intl J Antimicrob Agents* ; **22** : S61-S64.

Barnett BJ, Stephens DS, (1997). Infecções do trato urinário: uma visão geral. *Am J Med Sci;* **314**(4): 245-9.

Begum J, Yusuf M, Chowdhury U, Wahab MA, (1993). Estudos de óleos essenciais sobre as suas propriedades antibacterianas e antifúngicas. Parte 1: seleção preliminar de 35 óleos essenciais. *J. Sci. Ind. Res.* **28:** 25-33.

Betsy F, (2002). Epidemiologia das infecções do trato urinário: Incidência, morbilidade e custos económicos. *American Journal of Medicine*; 113 (1A).

Bhattacharya S, (2006). ESBL - da placa de Petri ao doente. *Indian J. Med. Microbiol*, **24:** 20-24.

Blair KA, (2007). Infecções do trato urinário baseadas em evidências ao longo da vida: actualizações actuais. *J. Nurse Pract*, **3:** 629-632.

Bonadio M, Meini M, Spitaler P, e Gigli C, (2001). Aspectos microbiológicos e clínicos actuais das infecções do trato urinário. *Eur. Urol*, **40:** 439-445.

Bopp CA, (2003). Escherichia, Shigella e Salmonella. [th]Em: Murray PR et al (editores) <u>Manual of Clinical Microbiology</u>, 8 ed, ASM PRESS.

Buchbauer G, e Jirovetz L, (1994). Utilização aromaterapêutica de perfumes e óleos essenciais como medicamentos. *Flav. Fragr. J.,* **9:** 217-222.

Burt SA, (2004). Óleos essenciais: as suas propriedades antibacterianas e potenciais aplicações nos alimentos: uma visão geral. *Inter J Food Microbiol.* **94:**223-253.

Calabrese V, Randazzo SD, Catalano C, Rizza V, (1999). Estudos bioquímicos sobre um novo antioxidante derivado do óleo de limão e sua aplicação biotecnológica em dermatologia cosmética. *Drugs Exp Clin Res.* **25** : 219-225.

Carlton RR, Waterman PG, Gray AI, Deans SG, (1992). A atividade antifúngica do óleo volátil da glândula foliar da sarna doce (Myrica gale) (Myricaceae). *Chemoecology* 3: 55 - 59.

Cavanagh HM, Wilkinson JM, (2002). Actividades biológicas do óleo essencial de alfazema. *Phytother Res.*16:301-308.

Chander J, (2002). *Procedimentos micológicos de rotina* (Apêndice C): *Manual of mycology. 2* [nd]Edn., Mehta Publishers, Nova Deli.

Chawla JC, Clayton CL, e Stickler DJ, (1998). Antiseptics in the long-term urological treatment of patients with intermittent catheterisation (Anti-sépticos no tratamento urológico a longo prazo de pacientes com cateterização intermitente). *Br. J. Urol*, **62:** 289-294.

Cheesbrough M, (2006). Exame de urina e teste de suscetibilidade antimicrobiana. In: District laboratory practice in tropical countries. Parte 2 © Monica Cheesbrough; 105 - 143.

Choi J, Kang O, Lee Y, (2009). Atividade antibacteriana de galato de metilo ou carvacrol isolado de Galla Rhois em combinação com ácido nalidíxico contra bactérias resistentes ao ácido nalidíxico. Molecules 14: 1773-1780.

Clevenger JF, (1928). Aparelho para a determinação de óleos essenciais. *J Am Pharm Assoc* **17:** 346.

Clinical Laboratory Standard Institute (CLSI), (2006). [th]*Norma de desempenho para testes de suscetibilidade antimicrobiana em disco;* norma aprovada - 9ª edição. Suplemento M2 - A9, 26(1).

Collee JG, Marr W, (1996). Recolha de amostras, recipientes e meios de cultura. Em: Collee JG, Fraser AG, Marmion BP, Simmons A. eds. [th]Mackie & McCartney *Practical Medical Microbiology*, 14ª edição, Nova Iorque. Churchill Livingstone, 85-111.

Cowan MM, (1999). Produtos vegetais como agentes antimicrobianos. *Clin. Microbiol. Rev.* **12:** 564-582.

Davidson S, (2006). Infectious Diseases, In: Nicholas B. Nicki, P.C, Brain, R.W eds. [th]*Principles and Practice of Medicine.* 20 ed. Nova Iorque: Churchill Livingstone, 467-470.

De Billerbeck VG, Roques CG, Bessiere JM, Fonvieille JL, Dargent R, (2001). Efeitos do óleo essencial de *Cymbopogon nardus* (L.) W. Watson sobre o crescimento e a morfogénese de Aspergillus niger. *Can J Microbiol.* **47:**9-17.

Deans SG, Noble RC, Penzes L, Imre SG, (1993). Efeitos benéficos dos óleos essenciais de plantas no estado dos ácidos gordos polinsaturados durante o envelhecimento. 16 : 71 - 74.

Deans SG, Ritchie G, (1987). Propriedades antibacterianas de óleos essenciais de plantas. *Intern.*

J. Food Microbiol **5**: 165 - 180.

Deans SG, Svoboda KP, Gundidza M, Brechany EY, (1992). Perfis de óleo essencial de várias plantas aromáticas de zonas temperadas e tropicais: as suas actividades antimicrobianas e antioxidantes. *Ata Hortic.* **306 :** 229 - 232.

Delanghe JR, Kouri TT, Huber AR, Hannemann-Pohl K, e Guder WG, (2000). O papel da citometria de fluxo automatizada de partículas de urina na prática clínica. *Clin. Chim. Ata,* **301 :** 1-18.

Dwyer PL, O'Reilly M, (2002). Infecções recorrentes do trato urinário nas mulheres. *Curr Opin Obstet Gynecol*; **14:**537-543.

Eisenstein BI, e Azalezink DF, (2000). Enterobacteriaceae In: Mandell, Douglas and Bennett's eds. [th]*Principles and Practice of Infectious Diseases*, 5 ed, Churchill Livingstone.

Ferry SA, Holm LSE, Stenlund H, (2004). The natural course of uncomplicated lower urinary tract infection in women illustrated by a randomised controlled trial. *Scand J Infect Dis;* **36:**296-301.

Fihn SD, (2003). Infecções agudas do trato urinário não complicadas em mulheres. *N. Engl. J. Med.* **349:** 259-266.

Finkelstein R, Kassis E, Reinhertz, (1998). Infecções do trato urinário adquiridas na comunidade em adultos: A hospital viewpoint : *Journal of Hospital Infections* ; **38 :** 193 - 202.

Foga?a RTH, Cavalcante ADA, Serpa AKL, Sousa PJC, Coelho-de-Souza AN, Leal-Cardosa JH, (1997). Efeitos do óleo essencial de Mentha x villosa no músculo esquelético do sapo. *Investigação em fitoterapia* **11** (8) : 552 - 557.

Foxman B, Gillespie B, Koopman J, (2000). Risk factors for a second urinary tract infection in female college students (Factores de risco para uma segunda infeção do trato urinário em estudantes universitárias). *Am J Epidemiol;* **151:**1194-205.

Foxman B, e Fredrichs, RR, (1985) Epidemiology of urinary tract infections: diaphragm use and sexual intercourse. *Public Health*, **75(11):** 13081313.

Foxman B, e Brown P. (2003). Epidemiology of urinary tract infections: Transmission and risk factors, incidence and costs (Epidemiologia das infecções do trato urinário: factores de transmissão e de risco, incidência e custos). *Infect. Dis. Clin. North Am.* **49:** 53-70.

Foxman R, D'Arcy BH, e Gillespie B, (2000) Urinary tract infections: self-reported incidence and associated costs. *Ann. Epidemiol.* **10:** 509-515.

Getenet B, Wondewosen T, (2011). Uropatógenos bacterianos na infeção do trato urinário e padrão de suscetibilidade a antibióticos no hospital especializado da Universidade de Jimma, sudoeste da Etiópia. *Ethiop J Health Sci.* Vol. 21, No. 2.

Gold HS, (2001). Enterococos resistentes à vancomicina: mecanismos e observações clínicas. *Clin. Infect. Dis*, **33:** 210-219.

Goldman DA, e Huskins WC, (1997). Controlar as bactérias nosocomiais resistentes aos antimicrobianos: uma prioridade estratégica para os hospitais de todo o mundo. *Clin. Infec. Dis*, **24:** 139145.

Gonzalez CM, Schaeffer AJ, (1999). Treatment of urinary tract infections: what's old, what's new, and what works. *World J Urol*; **17:**372-382.

Grayer RJ, Kite GC, Goldstone FJ, Bryan SE, Paton A, e Putievsky E, (1996). Taxonomia intra-específica e quimiotipos de óleo essencial em manjericão doce, *Ocimum basilicum. Phytochemistry.* **43 :** 1033 - 1039.

Guenther E, (1948). *Essential oils.* Vol. I. D. Van Nostrand Company Inc, Nova Iorque.

Gupta K, Hooton TM e Stamm WE, (2001). Aumento da resistência antimicrobiana e tratamento de infecções do trato urinário não complicadas adquiridas na comunidade. *Ann. Intern. Med*, **135:** 41-50.

Hammer KA, Carson CF, e Riley TV, (1999). Atividade antimicrobiana de óleos essenciais e outros extractos de plantas. *J. Applied Microbiol*, **86 :** 985-990.

Hanan AAT, Salama ZAR, Radwan S, (2010). Potencial atividade das plantas de manjericão como fonte de antioxidantes e fármacos anticancerígenos sob a influência da fertilização orgânica e bio-orgânica. *Não. Bot. Hort. Agrobot. Cluj* **38 (1) :** 119-127.

Hassanali A, Lwande W, Ole - Sitayo N, Moreka L, Nokoe S, Chapya A, (1990). Componentes repelentes de gorgulhos das folhas de *Ocimum suave* e dos dentes de *Eugenia caryophylla* utilizados em partes da África Oriental para proteger os cereais. *Discov. Innovat.* **2 :** 91-95.

Hayashi K, Kamiya M, Hayashi T, (1995). Efeitos virucidas do destilado de vapor de Houttuynia cordata e dos seus componentes no HSV-1, vírus da gripe e HIV. *Planta Med.* **61** (3) : 237 - 241.

Hemaiswarya SH, Kruthiventi AK, Doble M, (2008). Sinergismo entre produtos naturais e antibióticos contra doenças. Phytomedicine 15: 639-652.

Henn EW, (2010). Infecções recorrentes do trato urinário em mulheres adultas não grávidas. SA Pharmaceutical Journal, p. 26-31.

Hoberman A, e Wald ER, (1997). Infecções do trato urinário em crianças pequenas febris.

Pediatr. Infect. Dis. J., **16 :** 11-17.

Holm Y, (1999). *Bioatividade do manjericão.* In: *Basil - the genus Ocimum. Plantas medicinais e aromáticas - Perfis industriais.* Vol. 10, Reino Unido, Harwood Academic Publishers, p. 113 - 135.

Hooton TM, Scholes D, Hughes JP, (1996). A prospective study of risk factors for symptomatic urinary tract infections in young women (Estudo prospetivo dos factores de risco para infecções sintomáticas do aparelho urinário em mulheres jovens). *N Engl J Med;* **335:** 468474.

Hooton TM, Stamm WE, (1997). Diagnosis and treatment of uncomplicated urinary tract infections (Diagnóstico e tratamento de infecções do trato urinário não complicadas). *Infect Dis Clin North Am*; **11**(3): 551-81.

Hryniewicz K, Szczypa K, Sulikowska A, Jankowski K, Betlejewska K, e Hryniewicz W, (2001). Suscetibilidade aos antibióticos de estirpes bacterianas isoladas de infecções do trato urinário na Polónia. *J. Antimicrob. Chemother*, *47 :* 773-780.

Hyun G, Lowe FC, (2003). SIDA e o urologista. Urol Clin N Am; **30:** 101-109.

Ikaheimo R, Siitonen A, Heiskanen T, (1996). Recurrence of urinary tract infections in primary care: Analysis of a one-year follow-up of 179 women. *Clin Infect Dis*; **22:**91-9.

Ilori M, Sheteolu AO, Omonibgehin EA , Adeneye AA, (1996). Atividade antibacteriana de *Ocimum gratissimum* (Lamiaceae). *J. Diarhoeal Dis. Res.***14 :** 283-285.

Jackson SL, Boyko EJ, Scholes D, (2004). Preditores de infecções do trato urinário após a menopausa: um estudo prospetivo. *Am J Med ;* **117:**903-911.

Jacoby GA, e Archer GL, (1991). Novos mecanismos de resistência antimicrobiana bacteriana. *N. Engl. J. Med.* **324:** 601-612.

Janine de Aquino L, Xisto SP, Orionaida de Fatima LF, Realino de Paula J, Pedro HF, Hasimoto de Suza LK, Aline de Aquino L, Maria de Rosario RS, (2005). Atividade antifúngica de *Ocimum gratissimum* L. contra *Cryptococus neoformans. Mém. Inst. Oswaldo Cruz* **100(1):** 55-58.

Jawetz E, (2004). Enterbacteriaceae In: Brooks GF, Butel JS, Morse SA eds. [rd]Medical Microbiology 23 ed Stamford-connecticut. *Appleton and Lange*, 248-258.

Jenson BH, Baltimore RS, (2006). Infectious diseases. Em: Kleigman RM, Marcdante KJ, Jenson BH, Berhman RE editores. [th]*Nelson Essentials of Paediatrics* 5 edition. Philadelphia: Elsevier Inc; p. 522.

Jepson RG, Craig JC, (2008). Cranberries para a prevenção de infecções do trato urinário. *Base* *de dados Cochrane de Revisões Sistemáticas*, edição 1. Art. CD001321.DOI.

Jirovetz L, Buchbauer G, Denkova Z, Slavchev A, Stoyanova A, et Schmidt E, (2006). Composição química, actividades antimicrobianas e descrições olfactivas de diferentes óleos essenciais de *Salvia* sp. e *Thuja* sp. *Nutrition,* **30:** 152-158.

Johnson JR, Roberts PL, Stamm WE, (1987). P-fimbriae e outros factores de virulência na urossepsia por Escherichia coli: relação com as características do doente. *J Infect Dis;* **156**(1):225-9.

Johnson JR, Stamm WE, (1987). Diagnóstico e tratamento de infecções agudas do trato urinário. Infect Dis Clin North Am; 1(4):773-791.

Keita SM, Vincent C, Schmit Jean-Pierre, Belanger A, (2000). Composição dos óleos essenciais de *Ocimum basilicum* L., *O. gratissimum* L. e *O. suave* L. na República da Guiné. *Flavour Frag. J.* **15:**339-341.

Kim BN, Woo JH, Ryu J, e Kim YS, (2003). Resistência a cefalosporinas de espetro alargado e mortalidade em doentes com bacteriemia por *Citrobacter* Freundii. Infection, **19** : 202-207.

Kim, B.N., S.I. Choi e N.H. Ryoo, (2006). Três anos de acompanhamento de um surto de bacteriúria por *Serratia* marcescens numa unidade de cuidados intensivos neurocirúrgicos. *J. Korean Med. Sci.* **21:** 973-978.

Kirimuhuzya C, Waako P, Joloba M, Olwa O, (2009). Atividade antimicobacteriana da *lantana camara*, uma planta tradicionalmente utilizada para tratar os sintomas da tuberculose no sudoeste do Uganda. *Ciências da Saúde em África,* **9** (1): 40-45

Klemm P, Roos V, Ulett GC, Svanborg C, e Schembri MA, (2006). Caracterização molecular da estirpe 83972 de *Escherichia* coli para bacteriúria assintomática: domesticação de um agente patogénico. *Infect. Immun,* **74:** 781-785.

Kordali S, Kotan R, Mavi A, Cakir A, Ala A, Yildirim A, (2005). Determinação da composição química e da atividade antioxidante do óleo essencial de *Artemisia dracunculus*, bem como das actividades antifúngicas e antibacterianas dos óleos essenciais turcos *de Artemisia absinthium, A. dracunculus, Artemisia santonicum* e *Artemisia spicigera. J Agric Food Chem.* **53:** 9452-9458.

Kothari A, Sagar V, (2008). Antibiotic resistance in community-acquired urinary tract infection pathogens in India: a multicentre study (Resistência aos antibióticos nos agentes patogénicos das infecções do trato urinário adquiridas na comunidade na Índia: um estudo multicêntrico). *J Infect Developing Countries*; **2(5):**354-358.

Kumar A, Samarth RM, Yasmeen S, Sharma A, Sugahara T, Terado T, Kimura H, (2004).

Potencial anticancerígeno e radioprotector   da *mentha piperita*. *Factores biológicos.* **22:**87-91.

Kurutepe S, Surucuoglu S, Sezgin C, Gazi H, Gulay M, e Ozckkaloglu B, (2005). Aumento da resistência antimicrobiana em isolados de *Escherichia* coli de infecções do trato urinário adquiridas em ambulatório entre 1998 e 2003 em Manisa, Turquia. *J. Infect. Dis.* 58: 159-161.

Lachowicz KJ, Jones GP, e Briggs, DR, (1998). O efeito conservante sinérgico dos óleos essenciais de manjericão doce (*Ocimum basilicum* L.) contra a microflora alimentar tolerante ao ácido. *Cartas em Microbiologia Aplicada.* ***26:*** 209 - 214.

Lawrence BM, (1993). Labiatae Mother Nature Oils. Planta química, óleos essenciais, Allured, *Carol Stream, IL*, 188-206.

Lee SB, Cha KH, Kim SN, Altantsetseg S, Shatar S, Sarangerel O, Nho CW (2007). Atividade antimicrobiana do óleo essencial de *Dracocephalum foetidium* contra microrganismos patogénicos. *J. Microbiol.* ***45 :*** 53-57.

Linuma, Y, (2007). Estratégias de controlo de infecções para a resistência antimicrobiana. *Nippon Rinsho,* ***65:*** 175-184.

Llenerrozos HJ, (2004). Tratamento baseado em evidências das infecções do trato urinário ao longo da vida: gestão. *Clin. Fam. Pract,* ***6:*** 157-173.

Loghmani-Khouzani **H, Sabzi Fini O, Safari J, (2007).** Composição do óleo essencial de Rosa damascena cultivada no centro do Irão. *Sci Iran* **14:** 316-319.

Lopez P, Sanchez K, Batlle R, Nerin C, (2005). Actividades antimicrobianas de seis óleos essenciais na fase sólida e de vapor, sensibilidade a estirpes bacterianas e fúngicas seleccionadas de origem alimentar. *J. Agric Food Chem.* **53(17) :** 6939-6946.

Licas MJ, Cinningharn FG, (1993). Infecções do trato urinário na gravidez. Clinicalobstetrics and gynecology; **36:** 855-68.

Magiatis P, Skaltsoinis AL, Chinoi I, Haroitoinian SA, (2002). Composição química e atividade antimicrobiana *in vitro* dos óleos essenciais de três espécies gregas de Achillea. Z. Naturforsch, **57 :** 287-290.

Mahamoud A, Chevalier J, Alibert-Franco S, Kern WV, Pages J-M (2007). Bombas de efluxo de antibióticos em bactérias Gram-negativas: a estratégia de resposta ao inibidor. J Antimicrob Chemother 59: 1223-1229.

Manikandan S, Ganesapandian S, Singh M, e Kumaraguru AK, (2011). Padrões de suscetibilidade antimicrobiana de bactérias patogénicas humanas responsáveis por infecções do trato urinário. *Asian Journal of Medical Sciences* **3(2):** 56-60.

Manosroi J, Dhumtanom P e Manosroi A, (2006). Atividade antiproliferativa do óleo essencial de plantas medicinais tailandesas nas linhas celulares KB e P388. Cartas do Cancro **235:**114-120.

Maripandi A, Ali AA, e Amuthan M, (2010). Prevalência e suscetibilidade a antibióticos de uropatógenos em pacientes de um ambiente rural, Tamilnadu. *Am. J. Infect. Dis.* **6** (2): 29-33.

Masinde A, Gumodoka B, Kilonzo A, Mshana SE, (2009). Prevalência de infecções do trato urinário entre mulheres grávidas no Centro Médico Bugando, Mwanza, Tanzânia. *Jornal de Investigação em Saúde da Tanzânia,* **11:**154 - 161.

Matashoy JC, Wagara IN, Nakavuma JL, e Kiburai AM, (2011). Composição química do óleo essencial de *Cymbopogon citratus* e seus efeitos sobre espécies de Aspergillus produtoras de micotoxinas. *Jornal Africano de Ciência Alimentar* **5**: 138 -142.

Matasyoh LL, Matayoh JC, Wachira FN, Kanyua MG, Thairu AW, e Mukiama TK, (2007). Variação na atividade antimicrobiana de óleos essenciais de Ocimum *gratissimum* L. de diferentes populações no Quénia. Actas da conferência africana sobre ciência das culturas. 8: 1745-1750.

McLaughlin SP, e Carson CC, (2004). Infecções do trato urinário nas mulheres. *Med. Clin. North Am.* **88:** 417-429.

Milhau G, Valentin A, Benoit F, Mallie M, Bastide J, Pelissier Y, Bessiere J (1997). Atividade antimicrobiana in vitro de oito óleos essenciais. *JEssent Oil Res. 9:329-333.*

Mittal P, e Wing DA, (2005). Infecções do trato urinário na gravidez. *Clin. Perinatol,* 32: 749-764.

Momoh ARM, Odike MAC, Samuel SO, Momoh AA, Okolo PO, (2007). Journal béninois de la médecine post-universitaire, 9(1): 22-27.

Momoh ARM, Orhue PO, Idonije OB, Oaikhena AG, Nwoke EO, e Momoh AA, (2011). Tipos de antibiograma de *Escherichia Coli* isoladas de amostras suspeitas de infeção do trato urinário. *J. Microbiol. Biotech. Res, 1 (3)* : 57-65

Mondello L, Zappia G, Cotroneo A, Bonaccorsi I, Chowdhury JU, Mohammed Yusuf M, e Dugo G, (2002). Estudos sobre plantas oleaginosas essenciais do Bangladesh. Parte VIII. Composição de alguns óleos *de Ocimum O. basilicum* L. var. *purpurascens; O. sanctum L.* verde; *O. sanctum* L. roxo; *O. americanum* L., tipo citral; *O. americanum* L., tipo cânfora. *Journal des saveurs et des parfums.* **17(5)** : 335 - 340.

Mordi RM, e Erah PO, (2006). Suscetibilidade de isolados de urina comuns a antibióticos comuns num hospital terciário no sul da Nigéria. *Afr. J. Biotechnol*, **5:** 1067-1071.

Mshana NR, Abbiw DK, Addae-Mensah I, Adjanohoun E, Ahji MRA, Enow-Orock EG, Gbile ZO, Naomesi BK, Odei MA, Adenlami H, Oteng-Yeboah AA, Sarppony K, Sofowora A, Tackie AN, (2000). Traditional medicine and pharmacopoeia - a contribution to the review of ethnobotanical and floristic studies in Ghana (Medicina tradicional e farmacopeia - uma contribuição para a revisão dos estudos etnobotânicos e florísticos no Gana). *Comissão Científica, Técnica e de Investigação da Organização da Unidade Africana.*

Mwaka AD, Mayanja KH, Kigonya E, Kaddu MD, (2011). Bacteriúria em mulheres adultas não grávidas que frequentam o centro de exames do Hospital Mulago no Uganda. *Ciências da Saúde em África.* **11(2) :** 182 - 189.

Nakhjavani F, Mirsalehian A, Hamidian M, Kazemi, Mirafshar M, Jabalameli F, (2007). Teste de suscetibilidade antimicrobiana de estirpes de *E.* coli às fluroquinolonas em infecções do trato urinário. Irão. *J. Publ. Health* **36 :** 99-92.

Nickel JC, Lee JC, Grantmyre JE, (2005). Natural history of urinary tract infections in a Canadian primary care setting (História natural das infecções do trato urinário num contexto canadiano de cuidados primários). *Can J Urol;* **12:**2718-37.

Nwosu MO, Okafor JI, (1995). Estudos preliminares das actividades antifúngicas de algumas plantas medicinais contra *Basidiobolus* e alguns outros fungos patogénicos. *Micoses .* **38 :** 191-195.

O'Regan S, Russo P, Lapointe N, Rousseau E, (1990). SIDA e o trato urinário. *J Acquir Immune Deficit Syndr;* **3:** 244-251.

Obinna NC, Nwodo CS, Olayinka AO, Chinwe IO, e Kehinde OO, (2009). Efeitos antibacterianos dos extractos de *Ocimum gratissimum* e *Piper guineense* em *Escherichia coli* e *Staphylococcus aureus. Jornal Africano de Ciência Alimentar...* 3(1) : 022-025.

Okigbo RN, Igwe M, (2007). O efeito antimicrobiano de *Piper guineense* uziza e *Phyllantus amarus* ebe-benizo em *Candida albicans* e *Streptococcus faecalis. Ata Microbiologica .et. Immunologica.Hungarica.* **54 (4):** 353-366.

Onajobi FD, (1986). Princípios lipídicos solúveis em contacto com o músculo liso em fracções cromatográficas de *Ocimum gratissimum. J. ethnopharmacol.***18 :** 3-11.

Ouattara B, Simard RE, Holley RA, Pitte GJP, Begin A, (1997). Atividade antibacteriana de ácidos gordos e óleos essenciais seleccionados contra seis organismos de deterioração da carne. *Inter J Food Microbiol.* **37:**155-162.

Ozcan M, e Chalchat JC, (2002). Composição dos óleos essenciais de *Ocimum basilicum* L. e *Ocimum minimum* L. na Turquia. *Czeckoslavakia Journal of Food Science.* **20 :** 223 - 228.

Pandey AK, (2003). Composição e atividade antifúngica in vitro do óleo essencial de hortelã mentolada (*Mentha arvensis* L.) que cresce na Índia central. Ind. *Drugs,* **40(2):** 126-128.

Pandey RR, Dubey RC, e Saini S, (2010). Estudos fitoquímicos e antimicrobianos sobre óleos essenciais de algumas plantas aromáticas. *Jornal Africano de Biotecnologia.* 9(28) : 4364-4368.

Patel A, (2007). Tratamento de infecções do trato urinário em mulheres. *US Pharm,* **32:** 2633.

Pereira RS, Sumita TC, Furlan MR, Jorge AO, e Ueno M, (2004). Atividade antibacteriana de óleos essenciais sobre microrganismos isolados em infecções do trato urinário. *Rev Saude Publ,* **38 :** 326-328.

Perrotta C, Aznar M, Mejia R, Albert X, Ng CW, (2008). Estrogénios para a prevenção de infecções recorrentes do trato urinário em mulheres pós-menopáusicas. *Cochrane Database of Systematic Reviews,* edição 2, art. no. CD005131.

Pezzlo M, York MK, (2004). Bacteriologia aeróbica. In: Isenberg HD editor. *Manual de procedimentos em microbiologia clínica.* Washington DC: American Society of Microbiology Press, 3-12, 1-19.

Piccaglia R, Marotti M, Giovanelli E, Deans SG, Eaglesham E, (1993). Propriedades antibacterianas e antioxidantes de plantas aromáticas da região mediterrânica. *Ind. Crops and Prod.* 2:47 - 50.

Rahn DD, (2008). Infecções do trato urinário: gestão moderna. *Urol Nurs;* **28**(5):333-341.

Reichling J, Schnitzler P, Suschke U, Saller R, (2009). Óleos essenciais de plantas aromáticas com propriedades antibacterianas, antifúngicas, antivirais e citotóxicas - uma visão geral. *Forsch Komplementmed;* **16:**79-90.

Ronald A., (2002). A etiologia das infecções do trato urinário; agentes patogénicos tradicionais e emergentes. *Am J. Med;* 113: Suppl 1A: 14S - 19S.

Ronald AR, Nicolle LE, Stamm E, (2001). Infecções do trato urinário em adultos: Prioridades e estratégias de investigação. *Int J Antimicrob Agents* ; **17 :** 343-348.

Rosato A, Vitali C, Laurentis ND, Armenise D, Mililllo MA (2007). Efeito antibacteriano de alguns óleos essenciais administrados isoladamente ou em combinação com norfloxacina.

Phytomedicine 14: 727-732.

Russo TA, Stapleton A, Wenderoth S, (1995). Análise do polimorfismo de comprimento de fragmentos de restrição cromossómica de estirpes de Escherichia coli responsáveis por infecções recorrentes do trato urinário em mulheres jovens. *J Infect Dis* ; **172**:440-445.

Scholes D, Hooton TM, Roberts PL, (2000). Risk factors for recurrent urinary tract infections in young women (Factores de risco para infecções recorrentes do trato urinário em mulheres jovens). *J Infect Dis* ; **182**:1177-82.

Schooff M, Hill K, (2005). Antibióticos para infecções recorrentes do trato urinário. Am Fam Physician; **71**(7):1301-1302.

Seenivasan P, Manickkam J, Savarimuthu I, (2006). Atividade antibacteriana *in vitro* de alguns óleos essenciais de plantas. *BMC Complementary and Alternative Medicine* **6**:39.

Sefton AM, (2000). O impacto da resistência no tratamento das infecções do trato urinário. *Int J Antimicrob Agents* ; **16**:489-491.

Shigemura K, Arakawa A, Sakai Y, Kinoshita S, Tanaka K, e Fujisawa M, (2006). Infeção complicada do trato urinário causada por *Pseudomonas aeruginosa* numa única instituição. Int. J. Urol, **13**: 538-542.

Silva CB, Gueterres SS, Weisheimer V, et Schapoval ES, (2008). Atividade antifúngica do óleo de citronela e do citral contra *Candida* spp. Braz. *J. Infect. Dis.* **12**: 63-66.

Singh S, Majumdar DK, (1999). Efeito do óleo fixo de *Ocimum sanctum* na permeabilidade vascular e na migração de leucócitos. Indian *J Exp Biol.* **37**:1136-1138.

Sinha GK, e Gulati BC, (1990). Estudo antibacteriano e antifúngico de alguns óleos essenciais e alguns dos seus constituintes. *Indian Perfumer.* **34** : 126 - 129.

Sohely S, Alamgir F, Begum F, Jaigirdar QH, (2010). Utilização de meios de ágar cromogénicos para a identificação de uropatogénios. *Bangladesh J Med Microbiol;* **04** (01): 18-23

Ssempereza A, (2012). Omujaaja (*Ocimum suave*) "Omujaaja gujjanjaba endwadde 13" *Ocimum suave* Willd trata treze doenças. http://www.bukeddekussande.co.ug Sexta-feira, 13 de abril de 2012.

Stamm WE, Hooton TM, (1993). Tratamento de infecções do trato urinário em adultos. *N Engl J Med*; **329**:1328-1334.

Steele BW, Carson CC, (1997). Reconhecer as manifestações urológicas do VIH e da SIDA. Contemp Urol; **9**: 39-53.

Stoller ML, Carroll PR, (2005). Urologia. Em: Tierney LM, McPhee SJ, Papadakis AM

Editores. [th]Current Medical Diagnosis and Treatment - 44 Ed: McGraw- Hill/Appleton & Lange.

Stothers L, (2002). A randomized trial to evaluate the efficacy and cost-effectiveness of natural cranberry products for the prophylaxis of urinary tract infections. *Can J Urol ;* **9:**1558-1562.

Sulistiarini D, (1999). *Ocimum gratissimum* L. In Oyen, L.P.A. & Nguyen Xuan Dung (Eds.) : Plant Resources of South-East Asia. No. 19: Essential oil plants. Fundação Prosea, Bogor, Indonésia. S. 140-142.

Svoboda KP, e Hampson JB, (1999). Bioatividade de óleos essenciais de plantas aromáticas seleccionadas de zonas temperadas: actividades antibacterianas, antioxidantes, anti-inflamatórias e outras actividades farmacológicas associadas. Actas do seminário Speciality Chemicals for the 21st Century ADEME/IENICA, 16-17 de setembro, ADEME, Paris, pp : 43-49.

Svoboda KP, Kyle SK, Hampson JB, Ruzickova G, e Brocklehurst S, (2003). Antifungal activity of essential oils: the potential for new plant-derived bioactives. In: *Plant-derived antimycotics: Current trends and future prospects*. Rai, M.K. (Ed), Binghampton, Nova Iorque, EUA. The Hawthorn Press Inc. p. 198-224.

Tambekar DH, Dhanorkar DV, Gulhane SR, Khandelwal VK, e Dudhane MN, (2009). Suscetibilidade antibacteriana de alguns agentes patogénicos das doenças do trato urinário aos antibióticos habitualmente utilizados. *Afr. J. Biotech*, **5:** 1562-1565.

Taneja N, Chatterjee SS, Meenakshi S, Surjit S, e Meera S, (2010). Paediatric urinary tract infections in a tertiary care centre in northern India (Infecções do trato urinário pediátrico num centro de cuidados terciários no norte da Índia). *Indian J. Med. Res.* **131:** 101-105.

Tegos G, Stermitz FR, Lomovskaya O, Lewis K, (2002). Os inibidores da bomba multidroga revelam uma atividade notável dos antimicrobianos das plantas. Antimicrob Agents Chemother 46 : 3133-3141.

Tenke P, Kovacs B, Bjerklund JTE, Matsumoto T, Tambyah PA, Naber KG, (2008). Orientações europeias e asiáticas para o tratamento e a prevenção de infecções do trato urinário associadas a cateteres. *Int. J. Antimicrob. Agents* **31(1):** 68-78.

Tenover FC, e McGowan Jr EJ, (1996). Reasons for the emergence of antibiotic resistance (Razões para a emergência da resistência aos antibióticos). Am. J. Med. Sci. 311: 9-16.

Tepe B, Daferera D, Sokmen M, Polissiou M, Sokmen A, (2004). Actividades antimicrobianas e antioxidantes in vitro de óleos essenciais e diferentes extractos de *Thymus eigii* M. Zohary e P.H. Davis. *J Agric Food Chem.* **52:**1132-1137.

Tkachenko KG, Platonov VG, Satsyperova IF, (1995). Atividade antiviral e antibacteriana dos óleos essenciais dos frutos de espécies do género Heracleum L. Rastitel'nye Resursy **31** (4): 9 - 19.

Tripti M. e Sigh P. (2010). Efeitos antimicrobianos de óleos essenciais contra uropatógenos com diferentes susceptibilidades a antibióticos. *Jornal Asiático de Ciências Biológicas,* **3** : 92-98.

Tripti M, Padma S, Shailja P, Nirpendra C e Hema L, (2011). Potenciação da atividade antimicrobiana da ciprofloxacina pelo óleo essencial de *Pelargonium graveolens* contra uropatógenos seleccionados. Phytother. Res. **25:** 1225-1228.

Tseng MH, Lo WT, Lin WJ, Teng CS, Chu ML, e Wang CC, (2008). Alteração do padrão de resistência antimicrobiana dos uropatogénios pediátricos em Taiwan. Pediatr Int **50:** 797-800.

Tulloch JA, Wilson AMM, King MH, (1963). Bacteriúria assintomática em doentes africanos no Uganda. *East Afr Med J;* **40:** 433 - 439.

Gabinete de Estatística do Uganda (UBoS) (2009/2010). Relatório do Inquérito Nacional aos Agregados Familiares do Uganda. Direitos de autor ©, Gabinete de Estatística do Uganda 2010. http://www.ubos.org

Directrizes Clínicas do Uganda (UCG), (2003). *Ministério da Saúde/Uganda.*

Van de Braak SAAJ, Leijten GCJJ, (1999). Essential oils and oleoresins: a survey in the Netherlands and other major EU markets. CBI, Centre for the Promotion of Imports from Developing Countries, Roterdão. S. 116.

Vasudaran P, Kashyap S, e Sharma S, (1999). Substâncias vegetais bioactivas do manjericão (*Ocimum spp.*). *Jornal de ciência e investigação industrial.* **58** : 332 - 338.

Wagenlehner FM, e Naber KG, (2004). Novos fármacos contra uropatogénios Gram-positivos. Int. *J. Antimicrob. Agents,* **24:** S39-S43.

Wanyama J, (2003). Prevalência, bacteriologia e padrões de suscetibilidade microbiana em mulheres grávidas com infecções do trato urinário diagnosticadas clinicamente na enfermaria de parto do Hospital Mulago (março). Tese de doutoramento M.Med de Wanyama, Universidade de Makerere.

Wazait HD, Patel HRH, Veer V, Kelsey M, e van der Meulen JHP, (2003). Catheter-associated urinary tract infections: prevalence of uropathogens and antimicrobial resistance patterns in a UK hospital. *Brit. J. Urol,* **91:** 806-809.

OMS, (2002-2005). Estratégia para a medicina tradicional.

Wilson ML, Gaido L, (2004). Diagnóstico laboratorial de infecções do trato urinário em pacientes adultos. *Clin Infect Dis*; 38:1150-1158.

Wossa WS, Rali T, e Leach ND, (2008). Componentes químicos voláteis de três espécies de Ocimum (Lamiaceae) da Papua Nova Guiné. *The South Pacific Journal of Natural Science, volume 26.*

Yusuf M, Begum J, Mondello L, e Stagnod' Alcontres L, (1998). Estudos sobre as plantas oleaginosas essenciais de Bangldesh. Parte VI. Composição do óleo de *Ocimum gratissimum* L. *Flavour and Fragrance Journal.* **13(3)** : 163 - 166.

Anexo I: Validação pelo Comité de Ética

MBARARA UNIVERSITY OF SCIENCE AND TECHNOLOGY
INSTITUTIONAL REVIEW COMMITTEE
P.O. Box 1410, Mbarara, Uganda
Tel. 256-4854-33795 Fax: 256 4854 20782
Email: irc@must.ac.ug Web site : *www.must.ac.ug*

Our Ref: MUIRC 1/7   Date: June 21, 2012

Mr. Julius Tibyangye
KIU.
Western Campus
Ishaka

Re: Submitted Protocol on: "Anti microbial activity of ocimum suave (willd)

essential oils against uropathegens isolated from patients from selected

Hospitals in Bushenyi District, Uganda" No.13/05-12

Reference is made to the above study protocol which was resubmitted to the Institutional Review Committee for reconsideration and approval.

It's noted that you have addressed all the concerns raised by the Committee at its sitting of 31st May 2012.

I am glad to inform you that your study has been approved for a period of one year up to June 21, 2013.

You are required to register the study with Uganda National Council for Science and Technology, and submit progress and end of study reports to MUST IRC.

You can now proceed with the rest of the research activities as per your work plan.

I wish you all the best.

Simon K. Anguma
CHAIRMAN- MUST IRC

cc   Secretary –IRC

Appendix II: Carta de admissão na UNCST

Our Ref: HS 1211

11th September 2012

Dr. Julius Tibyangye
Kampala International University
Western Campus
Bushenyi

Dear Dr. Tibyangye,

RE: RESEARCH PROJECT, "ANTIMICROBIAL ACTIVITY OF OCIMUM SUAVE (WILD) ESSENTIAL OILS AGAINST UROPATHOGENES ISOLATED FROM PATIENTS IN SELECTED HOSPITALS IN BUSHENYI DISTRICT, UGANDA"

This is to inform you that the Uganda National Council for Science and Technology (UNCST) approved the above research proposal on 25th July 2012. The approval will expire on 25th July 2013. If it is necessary to continue with the research beyond the expiry date, a request for continuation should be made in writing to the Executive Secretary, UNCST.

Any problems of a serious nature related to the execution of your research project should be brought to the attention of the UNCST, and any changes to the research protocol should not be implemented without UNCST's approval except when necessary to eliminate apparent immediate hazards to the research participant(s).

This letter also serves as proof of UNCST approval and as a reminder for you to submit to UNCST timely progress reports and a final report on completion of the research project.

Yours sincerely,

Leah Nawegulo
for: Executive Secretary
UGANDA NATIONAL COUNCIL FOR SCIENCE AND TECHNOLOGY

Appendix III: Gabinete do presidente Secretariado da investigação Carta de lançamento

OFFICE OF THE PRESIDENT

PARLIAMENT BUILDING P.O. BOX 7168 KAMPALA, TELEPHONE: 254881/6, 343934, 343926, 343943, 233717, 344026, 230048, FAX: 235459/256143

Email: secretary@op.go.ug   www.uganda2012.ug   www.officeofthepresident.go.ug

ADM 154/212/01

September 5, 2012

The Resident District Commissioner
Bushenyi District

This is to introduce to you **Dr. Tibyangye Julius** a Researcher who will be carrying out a research entitled **"Anti Microbial activity of ocimum suave essential oils against uropathogens isolated from patients from selected hospitals in Bushenyi District, Uganda"** for a period of **01 (one) year** in your district.

He has undergone the necessary clearance to carry out the said project.

Please render him the necessary assistance.

By copy of this letter **Dr. Tibyangye Julius** is requested to report to the Resident District Commissioner of the above district before proceeding with the Research.

Alenga Rose
FOR: SECRETARY, OFFICE OF THE PRESIDENT

Copy to: Dr. Tibyangye Julius

COMITÉ DE REVISÃO INSTITUCIONAL (MUST-IRC) DA UNIVERSIDADE DE CIÊNCIA E TECNOLOGIA DE MBARARA
Apêndice IV: Modelo de consentimento informado

Título do estudo :

Atividade antimicrobiana de óleos essenciais de *Ocimum suave* (Willd) contra uropatógenos isolados de pacientes em hospitais seleccionados no distrito de Bushenyi, Uganda

O(s) examinador(es) principal(is) :

Julius Tibyangye

INTRODUÇÃO

O que precisa de saber sobre este estudo de investigação:

- Está a ser convidado a participar neste estudo de investigação.

- Este formulário de consentimento explica o estudo de investigação e o seu papel no mesmo.

- Leia-o com atenção e tome a sua decisão com calma.

- É um voluntário. Pode decidir não participar e, se participar, pode desistir em qualquer altura. Se decidir interromper o estudo, não será penalizado.

Objetivo da investigação

Determinação das propriedades antibacterianas dos óleos essenciais de *Ocimum suave* (Willd) contra agentes patogénicos uropatogénicos isolados de pacientes em hospitais seleccionados no distrito de Bushenyi, Uganda.

Porque é que é convidado a participar

Está a ser convidado a participar no estudo porque vive nos hospitais seleccionados (áreas de estudo) no distrito de Bushenyi, no Uganda, e frequenta as consultas externas.

Procedimento

O grupo-alvo é constituído por pacientes que sofrem de infecções do trato urinário nos hospitais seleccionados: Kampala International University-Teaching Hospital (KIU-TH), Ishaka Adventist Hospital, Comboni Hospital, Bushenyi HC IV, Kyabugimbi HC IV e Bushenyi Medical Center (BMC).

Na avaliação dos pacientes quanto a sinais e sintomas de infecções do trato urinário, são colhidas amostras de urina limpas a meio do percurso dos pacientes, utilizando o método de amostragem aleatória sistemática, em que um em cada três pacientes examinados por médicos assistentes ou médicos oficiais quanto a sinais e sintomas de infecções do trato urinário e suspeitos de terem uma infeção do trato urinário são encaminhados para a colheita de amostras de urina limpas a meio do percurso, num total de 50 amostras colhidas em cada uma das seis áreas de estudo, o que perfaz um total de 300 amostras.

Análise de amostras, isolamento e identificação de uropatógenos utilizando o método da ansa calibrada, teste de suscetibilidade a antibióticos utilizando a técnica de difusão em disco de Kirby-Bauer, extração de óleos essenciais - hidrodestilação com um aparelho de Clevenger, despistagem de

A atividade antibacteriana dos óleos essenciais utilizando o método Agar-Well, o efeito de potenciação é obtido calculando o índice de concentração inibitória fraccionada (FICI) utilizando as fórmulas em (Tripti *et al.*, 2011).

Riscos/desvantagens

O estudo é isento de riscos.

Benefícios

O estudo aumentará os conhecimentos locais e internacionais sobre os tipos de uropatogénios responsáveis pelas infecções do trato urinário na área de estudo. Também melhorará a informação para os clínicos, o pessoal médico e os decisores políticos, ajudando-os a tomar decisões sobre o tratamento empírico das ITU e a interpretar as tendências e flutuações dos níveis de resistência novos, emergentes ou em evolução.

Ao nível da comunidade, os resultados deste estudo fornecerão apoio científico às alegações dos praticantes tradicionais que utilizam extractos de *O. suave* (Willd) para tratar os sintomas de infecções do trato urinário e, se forem obtidos resultados positivos, este poderá ser o ponto de partida para o desenvolvimento de um tratamento alternativo para infecções do trato urinário na comunidade local.

Incentivos/recompensas pela participação

Não há qualquer recompensa pela participação, mas a sua participação será muito apreciada.

Proteção da confidencialidade dos dados

Não são utilizados nomes na análise dos resultados. A única ligação entre os participantes e os resultados é estabelecida pelos números de identificação dos pacientes (ID no.).

Proteger a privacidade dos titulares dos dados aquando da recolha de dados

A confidencialidade é respeitada em todas as fases da recolha de dados e todas as questões levantadas são respondidas de forma adequada. Nenhum nome será mencionado aquando da análise dos resultados. A única ligação entre os participantes e os resultados é estabelecida pelos números de identificação dos doentes.

Direito de recusa/cancelamento

Os participantes são recrutados numa base voluntária após terem dado o seu consentimento e podem retirar-se do estudo em qualquer altura, mesmo que tenham dado o seu consentimento.

O que acontece quando se abandona o estudo?

Se abandonar o estudo, não tem direito às prestações hospitalares.

Quem posso contactar se tiver uma pergunta ou um problema?

- **Contacto do investigador principal**

  Julius Tibyangye
  Correio eletrónico: tibya2005@yahoo.com
  tibyangye@hotmail.co.uk
  Telemóvel: +256-782-683182,
  +256-703-798795

- **Contacto do gabinete do IRC**

  Sr. Simon Anguma
  Presidente, MUST- IRC
  P.O. Box 1410, Mbarara
  Tel: 0485433795

O que significa a sua assinatura (ou impressão digital/carimbo) neste formulário de consentimento?

A sua assinatura no presente formulário significa

- Foram informados sobre o objetivo, o procedimento, os benefícios e os riscos potenciais do estudo.
- Tem a oportunidade de fazer perguntas e dar respostas antes de assinar.
- Não renunciou a nenhum dos seus direitos humanos

- Optou por participar neste estudo voluntariamente e com pleno conhecimento dos factos.

----------------------------------	----------------------------------	---------------
Imprimir o nome do participante adulto	Assinatura do participante adulto	Data

Nome em letra de imprensa da pessoa que dá o consentimento	Assinatura	Data

Impressão digital/marcação
Assinatura da   testemunhaData

KAMPALAP	.O.BOX 71 Bushenyi, Uganda
INTERNATIONALTel:	+256-485-443629
UNIVERSIDADE-Mail	: admin@kiu.ac.ug
WESTERN CAMPUSSite web	: www.kiu.ac.ug

FACULDADE DE CIÊNCIAS BIOMÉDICAS
Departamento de Microbiologia e Imunologia

Appendix V: Okukushaba Kwetaba Omu Kucondooza Kwangye (Runyakitara)

Sebo/Nyabo

Nyowe Julius Tibyangye, Owa Universidade Internacional de Kampala, Campus Ocidental, ndiyo ninkora okucondoza aharurengo rwokujanjaara kw'obukooko burikukwata abarwire omubicweka byekyama. Omushaho waawe otwikiriize kukushaba kwenyigira omukucondoza oku obwo orikunyikiriza nkakwihaho enkari omumuringo gwobujunanisibwa reero tukabikyebera kureba okutwakuha ahabujanjabi obworikutunga. Okwenyigyira omukucondoza oku nokwabusha, kandi noikirizibwa kushazamu okwikiriza kwawe ohorahurire wayendera. Ebirarugye omukukyebera ebiturakwiheho nibiza kuhebwa omushaho waawe kugira ngu kimuyambe okukujanjaba. Kworabe waikiriza kwenyigyira omukucondoza oku, noshabwa kuteeka omukono gwawe neinga ekinkumu aheifo.

Okwikiriiza

Nyowe nayetegyereza okushoborora nebigyendererwa byokucondoza okwagambwaho omururiimi orundikumanya nebirungi ebukwakubaasa kureeta ohantura yabantu bomukikweeka

57

nyeitu kandi

Naikiriza kwenyigyira omukucondoza oku.

Ninye ____
    Assinatura do participante/ Ekinkumu kyomurweire   Data/ Ebiro

____
    Owabariho (testemunha)   Data/ Ebiro

____
    Assinatura do investigador/ Omucondozi   Data/ Ebiro

Appendix VI: Formulário de avaliação da infeção do trato urinário

Nome: Data de nascimento : _____________________

N.º de OPD/IPD Data : _______________________

Idade: Sexo : __

1. Assinale os sintomas de infeção do trato urinário de que sofre.
    A. Frequência: quantas ____ vezes por hora urina?
    B. Disúria: (ardor ou dor ao urinar)
    C. Hematúria   (sangue na urina)
    D. Vontade de urinar: (necessidade súbita de urinar)
    E. Nycturia: (acordar durante o sono para urinar)
                 Quantas vezes já dormiste? _________________________________
    F. Incontinência: (perda de controlo)
    G. Dor nas costas: ____ em caso afirmativo, do lado direito, do lado esquerdo ou de ambos? _____________________
    H. febre: em   caso   afirmativo,   temperatura   mais   elevada durante quantos dias? _________________
2. Há quanto tempo (dias) tem estes sintomas? _______________________________
3. Alguma vez teve uma infeção do trato urinário (ITU)?   sim não
    Em caso afirmativo, mais de 2 por ano?   sim não
    Indique qualquer medicação que tenha tomado para uma infeção do trato urinário anterior:

____

4. Já alguma vez teve uma infeção renal?   sim não
5. Tomou algum medicamento para os seus sintomas actuais?   sim não
    Indique todos os medicamentos sujeitos a receita médica, de venda livre e à base de plantas que tomou nos últimos 2 dias:

6. Apenas para mulheres: Quando começou o seu último ciclo menstrual? ___________
7. É sexualmente ativo?   SimNão
    Em caso afirmativo, quando foi a última vez que teve relações sexuais? ___________

Testes encomendados

    Resultados do exame de urina: Cor : _______________ Turvação : _____________pH   :
_______________________________ Sp. Gr:___________
    Resultados da Uristrip : ____

Resultados de microscopia : ____

Resultados da C&S :

Plano de tratamento

____

Assinatura do médico/enfermeiro

Apêndice VII: Mapa do distrito de Bushenyi e da área de estudo

Anexo VIII: Normas de interpretação para o diâmetro da zona dos testes de suscetibilidade antimicrobiana

Normas para a interpretação do diâmetro da zona de agentes antimicrobianos

seleccionados, que actuam contra
Enterobacteriaceae **e outras bactérias Gram-negativas (CLSI, 2007)**

<table>
<tr><td colspan="4">Condições de ensaio
Meio-campo: Mueller - Hinton Agar
Inóculo: equivalente a um padrão de 0,5 McFarland.
°Incubação: 35 - 37 C; ar ambiente; 16 - 18 horas</td><td>Recomendações mínimas de controlo de qualidade
Escherichia coli ATCCR25922</td></tr>
<tr><td rowspan="2">Antimicrobiano</td><td rowspan="2">Conteúdo do disco rígido</td><td colspan="3">Diâmetro da área, mm inteiro mais próximo</td><td rowspan="2">Comentário</td></tr>
<tr><td>R</td><td>I</td><td>S</td></tr>
<tr><td>Ampicilina</td><td>10ug</td><td>< 13</td><td>14 - 16</td><td>> 17</td><td>Representante de classe para a ampicilina e a amoxicilina</td></tr>
<tr><td>Ciprofloxacina</td><td>5ug</td><td>< 15</td><td>16 - 20</td><td>> 21</td><td></td></tr>
<tr><td>Nitrofurantoína (urina)</td><td>300ug</td><td>< 14</td><td>15 - 16</td><td>> 17</td><td></td></tr>
<tr><td>Trimetoprim-sulfametoxazol</td><td>25ug</td><td>< 10</td><td>11 - 15</td><td>>16</td><td></td></tr>
</table>

Normas para a interpretação do diâmetro da zona de agentes antimicrobianos seleccionados, que actuam contra
Staphylococcus **spp (CLSI, 2007)**

<table>
<tr><td>Condições de ensaio
Meio-campo: Mueller - Hinton Agar
Inóculo: equivalente a um padrão de 0,5 McFarland.
°Incubação: 35 - 37 C; ar ambiente; 16 - 18 horas, 24 horas para oxacilina, meticilina, nafcilina e vancomicina.</td><td>Recomendações mínimas de controlo de qualidade para Staphylococcus aureus ATCCR25923</td></tr>
</table>

<table>
<tr><td rowspan="2">Antimicrobiano</td><td rowspan="2">Conteúdo do disco rígido</td><td colspan="3">Diâmetro da área, mm inteiro mais próximo</td><td rowspan="2">Comentário</td></tr>
<tr><td>R</td><td>I</td><td>S</td></tr>
<tr><td>Ampicilina</td><td>10ug</td><td>< 13</td><td>14 - 16</td><td>> 17</td><td>Representante de classe para a ampicilina e a amoxicilina.</td></tr>
<tr><td>Ciprofloxacina</td><td>5ug</td><td>< 15</td><td>16 - 20</td><td>> 21</td><td></td></tr>
<tr><td>Nitrofurantoína (urina)</td><td>300ug</td><td>< 14</td><td>15 - 16</td><td>> 17</td><td></td></tr>
<tr><td>Ofloxacina</td><td>5ug</td><td>< 12</td><td>13 - 15</td><td>> 16</td><td></td></tr>
<tr><td>Trimetoprim-sulfametoxazol</td><td>25ug</td><td>< 10</td><td>11 - 15</td><td>>16</td><td></td></tr>
</table>

Printed by Books on Demand GmbH, Norderstedt / Germany